Teubner Studienbücher Chemie

A. Wokaun
Erneuerbare Energien

Teubner Studienbücher Chemie

Herausgegeben von

Prof. Dr. rer. nat. Christoph Elschenbroich, Marburg
Prof. Dr. rer. nat. Friedrich Hensel, Marburg
Prof. Dr. phil. Henning Hopf, Braunschweig

Die Studienbücher der Reihe Chemie sollen in Form einzelner Bausteine grundlegende und weiterführende Themen aus allen Gebieten der Chemie umfassen. Sie streben nicht die Breite eines Lehrbuchs oder einer umfangreichen Monographie an, sondern sollen den Studenten der Chemie – aber auch den bereits im Berufsleben stehenden Chemiker – kompetent in aktuelle und sich in rascher Entwicklung befindende Gebiete der Chemie einführen. Die Bücher sind zum Gebrauch neben der Vorlesung, aber auch – da sie häufig auf Vorlesungsmanuskripten beruhen – anstelle von Vorlesungen geeignet. Es wird angestrebt, im Laufe der Zeit alle Bereiche der Chemie in derartigen Lehrbüchern vorzustellen. Die Reihe richtet sich auch an Studenten anderer Naturwissenschaften, die an einer exemplarischen Darstellung der Chemie interessiert sind.

Erneuerbare Energien

Von Prof. Dr. sc. nat. Alexander Wokaun
Paul Scherrer Institut, Villigen

B. G. Teubner Stuttgart · Leipzig 1999

Prof. Dr. sc. nat. Alexander Wokaun

Geboren 1952 in Darmstadt. Studium der Chemie an der Eidgenössischen Technischen Hochschule in Zürich, 1978 Promotion bei Richard R. Ernst (Chemienobelpreisträger). 1979 Forschungsaufenthalt am IBM Research Laboratory in San Jose, Kalifornien. 1980 bis 1981 wissenschaftlicher Mitarbeiter bei den Bell Laboratories in Holmdel, New Jersey. 1982 bis 1985 Leiter eines Forschungsprojektes und Habilitation am Laboratorium für Physikalische Chemie der ETH Zürich. 1986 bis 1994 Professor für Physikalische Chemie an der Universität Bayreuth. Seit 1994 Leiter des Bereiches Allgemeine Energieforschung am Paul Scherrer Institut und Professor am Laboratorium für Technische Chemie der ETH Zürich.

Die Deutsche Bibliothek – CIP-Einheitsaufnahme

Wokaun, Alexander:
Erneuerbare Energien / von Alexander Wokaun. – Stuttgart ; Leipzig : Teubner, 1999

ISBN 978-3-519-03550-3   ISBN 978-3-322-92182-6 (eBook)

DOI 10.1007/978-3-322-92182-6

Vorwort

Globale Herausforderungen rücken das Potential der erneuerbaren Energien in den Blickpunkt des Interesses von Wissenschaft, Industrie und Gesellschaft. Eine wachsende Weltbevölkerung, verbunden mit dem angestrebten wirtschaftlichen Fortschritt weniger entwickelter Länder, bedingt einen starken Anstieg der Nachfrage nach Energiedienstleistungen. Gleichzeitig wird es aufgrund drohender globaler Klimaänderungen dringend notwendig, die Emissionen von Treibhausgasen zu reduzieren; an den Klimakonferenzen von Kyoto (1997) und Buenos Aires (1998) hat sich die internationale Staatengemeinschaft zu entsprechenden Massnahmen verpflichtet. Um die zwei genannten Ziele zu vereinen, ist ein Beitrag der erneuerbaren Energien unabdingbar erforderlich.

In einer Strategie zur Entwicklung eines nachhaltigen Energieversorgungssystems repräsentieren die Anstrengungen zu Senkung der CO_2-Emissionen bei der Primärenergie-Bereitstellung ein wesentliches Element. Weitere tragende Säulen sind die Steigerung der Effizienz bei der Umwandlung und Speicherung von Energie, das Erbringen von Energiedienstleistungen mit niedrigerem Endenergieeinsatz und innovative Konzepte zur Limitierung der sinnvollen und notwendigen Nachfrage nach diesen Dienstleistungen.

Das vorliegende Buch entstand begleitend zu einer Vorlesung zum Thema "Erneuerbare Energien" an der ETH Zürich in den Jahren 1997 und 1998. Für Studierende der Natur- und Ingenieurwissenschaften kann es als begleitende Lektüre bei Lehrveranstaltungen zum Themengebiet Einsatz finden. Andererseits wendet sich das Buch an naturwissenschaftlich interessierte Leserinnen und Leser aus Forschung und Praxis, Industrie, Politik und Gesellschaft, die sich einen ersten, technisch fundierten Überblick über das Potential der erneuerbaren Energien verschaffen möchten.

Die Forschungsarbeiten im Bereich "Allgemeine Energieforschung" des Paul Scherrer Instituts haben die Schwerpunktsetzung bei der Auswahl des präsentierten Materials wesentlich beeinflusst. In diesem Zusammenhang ist der Autor den Herren J. Dommen, R. Dones, W. Durisch, F. Gassmann, W. Graber, M. Jakob, J. Keller, P. Kesselring, S. Kypreos, J. Leuenberger, E. Newson, A. Röder, Th.H. Schucan, R. Siegwolf, A. Steinfeld, R. Struis und S. Stucki zu grossem Dank verpflichtet. Durch zahlreiche Diskussionen und Anregungen, das Bereitstellen von Literatur und Abbildungen und die kritische Durchsicht des Manuskriptes haben sie die Aussagen dieses Essays wesentlich mitgeprägt. Ein besonderer Dank gilt Frau E. Schmid für die professionelle Gestaltung in vielen Iterationen bis zur Umsetzung in eine reproduktionsfertige Druckvorlage.

Für die freundliche Erteilung der Reproduktionsgenehmigung von Abbildungen sei den in den Quellenangaben genannten Autoren und Verlagen auch an dieser Stelle nochmals herzlich gedankt.

Wissenschaftlicher und technischer Fortschritt auf dem Gebiet der erneuerbaren Energien lebt vom Dialog und den Interaktionen zwischen Menschen, die sich in verschiedenem Kontext mit dem Thema auseinandersetzen. In diesem Sinne freue ich mich über Kommentare jeder Art, Ergänzungen, Korrekturen und Anregungen, die bei der Gestaltung künftiger Auflagen Berücksichtigung finden werden.

Villigen und Zürich, November 1998   Alexander Wokaun

Inhaltsverzeichnis

1 Globaler Energieverbrauch

Welchen Beitrag können die erneuerbaren Energien zur globalen Energieversorgung leisten? Ziel dieser Vorlesung ist es, ausgehend vom gegenwärtigen Stand das zukünftige Potential aufzuzeigen. Bei der Diskussion
von Meilensteinen für die zeitliche Entwicklung werden häufig folgende
Jahre diskutiert:

1990   als Referenzpunkt

2000   als Zielzeitpunkt des laufenden Energieprogramms der Schweiz

2010   als Zeitpunkt der Verpflichtung zu einer definierten Reduktion des
        CO_2 - Ausstosses (Verpflichtung der EU gemäss Kyoto-Protokoll:
        -8 %; Vorschlag im Energiegesetz CH: -10 % gegenüber 1990)

2020   als Zeitpunkt des maximalen globalen CO_2 - Ausstosses gemäss
        Szenarien des Intergovernmental Panel on Climate Change
        (IPCC)

2050   als Zeithorizont vieler ökonomischer Modelle

2100   als Ziel für die Stabilisierung der atmosphärischen CO_2 - Konzen-
        tration.

Um das gesuchte Potential wissenschaftlich beurteilen zu können, werden
wir die Techniken für die Nutzung erneuerbarer Energien detailliert diskutieren. Daraus wollen wir Daten über Verfügbarkeit, Kosten und Ökoeffi-
zienz ableiten. Diese Kriterien können als Massstab für den möglichen
bzw. anzustrebenden Anteil der verschiedenen Optionen an der globalen
Energieversorgung dienen.

Dieses einleitende Kapitel diskutiert einige Faktoren, welche den globalen
Energieverbrauch bestimmen, nämlich

- Grösse der Weltbevölkerung
- wirtschaftliche Entwicklung in verschiedenen Weltregionen
- Energieintensität (Energieeinsatz pro Einheit des Bruttosozial-
  produktes)
- Energieumwandlungsketten
- Verfügbarkeit von Primärenergierohstoffen
- Verfügbarkeit erneuerbarer Energien.

1.1 Entwicklung der Weltbevölkerung

Die Wachstumskurve der Weltbevölkerung nach den Gesetzen der Populationsdynamik ist bekannt; einige Eckdaten:

1750	ca. 0.7	Milliarden Menschen
1850	ca. 1.2	Milliarden Menschen
1950	ca. 2.5	Milliarden Menschen
1987	ca. 5.0	Milliarden Menschen
1998	ca. 6.0	Milliarden Menschen.

In den Neunzigerjahren wuchs die Weltbevölkerung mit ca. 100 Millionen Menschen pro Jahr (1996: ca. 90 Millionen). Für die Mitte des nächsten Jahrhunderts wird eine Weltbevölkerung von 10 Milliarden vorausgesagt. Ob sich die Bevölkerung bei 8, 10 oder 12 Milliarden Menschen stabilisieren kann, wird einen entscheidenden Einfluss darauf haben, ob langfristig ein aufrechterhaltbarer (nachhaltiger) Gleichgewichtszustand realisiert werden kann.

1.2 Spezifischer Energieverbrauch

Im SI-Einheitensystem wird die Energie in Joule (J) angegeben. Als ältere Einheit wird noch verwendet: 1 kWh = 3.6 MJ.

Der (zeitlich gemittelte) Energiebedarf pro Zeit und pro Kopf der Bevölkerung wird *in kW* angegeben. Diese Einheit der Leistung ist unabhängig von der Länge des Beobachtungszeitraums, d.h.

$$1\,kW \ \equiv \ 1\,kWh\,/\,Stunde \ \equiv \ 1\,kWa\,/\,Jahr \quad etc.$$

Eine andere, noch häufig verwendete Einheit sind kWh / Tag. Umrechnung:

$$1\,kWh\,/\,Tag \ = \ 0.04\,kWh\,/\,Stunde \ = \ 0.04\,kW.$$

Ein Referenzwert für den menschlichen Energieverbrauch ist der Energiebedarf pro Zeit aus Nahrungsmitteln. Er beträgt (grosszügig gerechnet)

$$\approx 2000\,kcal\,/\,Tag \ \approx \ 8000\,kJ\,/\,Tag \ \approx \ 2\,kWh\,/\,Tag \ \approx \ 0.08\,kW.$$

Der Gesamtenergiebedarf pro Zeit des Jägers und Sammlers war etwa dreimal so hoch, derjenige des einfachen sesshaften Ackerbauers siebenmal so hoch (0.6 kW).

In Deutschland betrug der Energieverbrauch pro Kopf und Jahr [1]

1400	$\approx$ 1.2 kW
1900	$\approx$ 3.6 kW
1990	$\approx$ 6.5 kW.

In den Industrienationen variiert der spezifische Energieverbrauch pro Zeit je nach Struktur des Wirtschaftssystems zwischen ca. 3.5 kW (Japan) und > 10 kW (USA) [1].

Der Weltbedarf an Primärenergie betrug 1996 ca. 375 EJ [2-4]. Andere gebräuchliche Einheiten zur Angabe des Primärenergieverbrauchs sind Steinkohleeinheiten bzw. 'oil equivalents', d.h. das Brennwertäquivalent einer Gewichtseinheit von Steinkohle bzw. Erdöl. Umrechnungsfaktoren:

1 Tonne Steinkohleeinheiten $\equiv$ 1 t SKE = 29.3 GJ = 29.3×10^9 J
1 Tonne Öläquivalente $\equiv$ 1 toe   = 41.9 GJ = 41.9×10^9 J.

Geteilt durch eine Weltbevölkerung von $\approx 6 \times 10^9$ Menschen ergibt dies einen mittleren Verbrauch (Energie/Zeit) pro Person von 2 kW.

Die Ungleichgewichte sind bekannt: Gegenwärtig verbraucht ein Drittel der Weltbevölkerung zwei Drittel der Energie. Dass Länder, die sich derzeit in einer starken wirtschaftlichen Entwicklung befinden, zukünftig mehr Energie verbrauchen werden, steht ausser Zweifel.

Daraus ergeben sich einfache Tatsachen.
Würde eine Weltbevölkerung von 10 Milliarden Menschen den spezifischen Verbrauch der USA von 10 kW anstreben, so resultiert ein Bedarf pro Zeit von 10^{14} W und damit ein *zehnmal höherer* globaler jährlicher Energieverbrauch als 1990.

Kann die Vision einer globalen 2 kW - Gesellschaft [5,6] realisiert werden (Industrieländer senken ihren spezifischen Energieverbrauch auf 2 kW, Entwicklungsländer erreichen denselben Standard), so würde sich der globale jährliche Energieverbrauch aufgrund des Wachstums der Weltbevölkerung von 5 auf 10 Milliarden Menschen immer noch *verdoppeln*.

1.3 Energieintensität und wirtschaftliche Entwicklung

Seit der industriellen Revolution waren weltweit das wirtschaftliche Wachstum und der Energieverbrauch stark gekoppelt, d.h. die Energieintensität (Energieverbrauch pro Einheit des Bruttosozialproduktes) blieb nahezu konstant.

Die zwei Erdölkrisen und die wachsende Besorgnis über globale Klimaänderungen durch CO_2-Emissionen haben hier zu einer Änderung geführt. Effizienzsteigerungen in allen Schritten des Produktionsprozesses ermöglichen ein Wirtschaftswachstum bei gleichbleibendem oder sogar abnehmendem Primärenergieverbrauch. Die Abbildung 1.1 veranschaulicht diesen Sachverhalt schematisch.

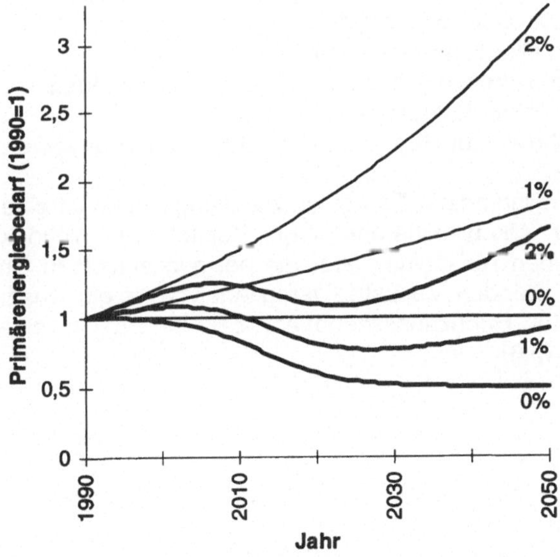

Abb. 1.1 Entwicklung des Primärenergiebedarfs für ein angenommenes Wirtschaftswachstum von 0, 1 bzw. 2 % / Jahr ohne Effizienzsteigerung (dünne Linien) und mit einer angenommenen Verdoppelung der Energieeffizienz (breite Linien).

Aus globaler Sicht ist die Steigerung der Energieeffizienz eine unabdingbare Voraussetzung für eine nachhaltige Entwicklung im Energiebereich.

1.4 Energieumwandlungsketten

Eine typische Energieumwandlungskette umfasst

Primärenergierohstoffe	(fossile, nukleare)
Primärenergien	(fossile, nukleare, erneuerbare)
Sekundärenergien	(thermische, elektrische, chemische)
Endenergien	(thermische, elektrische, chemische)
Nutzenergien	(Wärme, Licht, mechanische Energie, Kommunikationsenergie)
Energiedienstleistungen	(Raumheizung, Beleuchtung, Transport, Produktion, Kommunikation).

Dieses Schema zeigt auch die Möglichkeit zu Eingriffen:

Wahl und Gewinnung des Primärenergierohstoffes
(entfällt bei Sonnenenergie)
Effizienz aller Energieumwandlungsschritte
Effiziente Bereitstellung von Energiedienstleistungen
aus der Sekundärenergie
Massnahmen zur Reduktion des Bedarfs an Energiedienstleistungen.

Die Analyse vollständiger Energieumwandlungsketten ist eine wesentliche Aufgabe der Ökobilanzierung (vgl. Kapitel 2.2). Nationale Energiestatistiken geben Aufschluss über die bei den einzelnen Umwandlungsschritten auftretenden Verluste. Deren Analyse ist ein wesentlicher Ausgangspunkt für Reduktionsszenarien, z.B. im Projekt einer "2000 W - Gesellschaft" [5,6].

1.5 Heutige Anteile der Primärenergieträger

Die zeitliche Entwicklung der Anteile der Primärenergien am globalen Energieverbrauch ist in Abbildung1.2 illustriert.

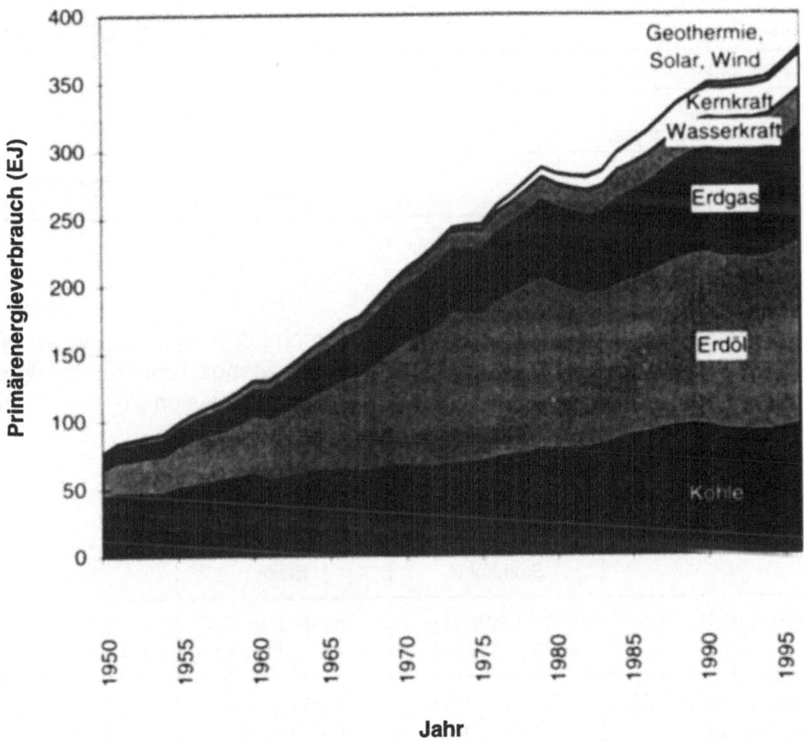

Abb. 1.2   Beiträge verschiedener Energieträger zum globalen Energieverbrauch bis 1996 (ohne Biomasse und nicht kommerzielle Energieträger, nach Ref. [2,3,7]). Elektrizität aus Wasserkraft und erneuerbaren Energien wurde mit einem Korrekturfaktor von 3 gewichtet, was dem mittleren Wirkungsgrad der Stromerzeugung entspricht [4].

Tab. 1.1 Approximative Anteile verschiedener Primärenergieträger im Jahr 1990
gemäss Statistik des Weltenergierates (World Energy Council, WEC) [4]

	OECD-Länder	Welt
Wasserkraft	≈ 7 %	6 %
Kohle	≈ 20 %	25 %
Öl	≈ 40 %	32 %
Gas	≈ 21 %	20 %
Kernenergie	≈ 10 %	6 %
konventionelle erneuerbare Energien	2 %	11 %
'neue erneuerbare' Energien	≪ 1 %	≪ 1 %

Kohlenstoffintensität

Die genannten Primärenergieträger unterscheiden sich stark in ihrer
Kohlenstoffintensität. Diese ist definiert als Menge der Kohlendioxid-
emissionen (oder der äquivalenten Kohlenstoffemissionen) pro Einheit
des Brennwertes.

Tab. 1.2 Kenngrössen fossiler Energieträger

	Steinkohle	Erdöl	Erdgas
Brennwert	8.14 kWh / kg = 29.3 MJ / kg	11.7 kWh / kg = 42.1 MJ / kg	9.0 kWh / m^3 = 32.4 MJ / m^3
Freisetzung von CO_2 pro Energie	0.33 kg / kWh = 0.09 kg / MJ	0.29 kg / kWh = 0.08 kg / MJ	0.19 kg / kWh = 0.05 kg / MJ
Freisetzung von CO_2 pro 350 EJ	31.5 G t CO_2 = 8.6 G t C	28 G t CO_2 7.6 G t C	17.5 G t CO_2 = 4.8 G t C

Nützliche Umrechnungsfaktoren:

$$1 \text{ MJ} \quad = 0.034 \text{ kg Steinkohleeinheiten} = 0.09 \text{ kg } CO_2 = 0.025 \text{ kg C}$$
$$= 0.024 \text{ kg Erdöläquivalente} \quad = 0.08 \text{ kg } CO_2 = 0.022 \text{ kg C}$$
$$= 0.070 \text{ kg Brennholz} \quad = 0.18 \text{ kg } CO_2 = 0.050 \text{ kg C.}$$

Würde der gesamte Weltenergiebedarf von etwa 375 EJ/a durch Kohle gedeckt, so entspräche dies ca. 9 G t C / Jahr (im Vergleich zu gegenwärtigen energiebedingten Emissionen von ca. 6 G t C / Jahr).

Darstellung des Jahresverbrauchs 1996 durch einzelne Energieträger

$$
\begin{aligned}
375\ EJ\ &=\ 12.8 && \text{Gt Steinkohleeinheiten} &&=\ 34\ \text{Gt CO}_2 && =\ 9.4\ \text{Gt C}\\
&=\ \ 9.0 && \text{Gt Erdölequivalente} &&=\ 30\ \text{Gt CO}_2 && =\ 8.3\ \text{Gt C}\\
&=\ 26.3 && \text{Gt Biomasse (Holz)} &&=\ 68\ \text{Gt CO}_2 && =\ 18.8\ \text{Gt C.}
\end{aligned}
$$

1.6 Verfügbarkeit von Primärenergierohstoffen

Fossile Brennstoffe

Reserven bezeichnen die bekannten und derzeit wirtschaftlich abbaubaren Vorräte. Die Grösse der Reserven hängt stark vom Energiepreis ab. Ressourcen sind geschätzte zusätzliche Vorräte.

Tab. 1.3 Reserven und Ressourcen fossiler Energieträger (nach [7,8])

	Kohle	Erdöl	Erdgas
Reserven 1993	20'750 EJ	6'000 EJ	5'480 EJ
Jahresförderung 1996	95 EJ	139 EJ	83 EJ
Reichweite bez. Jahresförderung	219 a	43 a	66 a
Reichweite bez. Weltenergieverbrauch 1996	55 a	16 a	15 a
Ressourcen 1990	200'000 EJ	2'300 EJ	8'000 EJ
Reichweite bez. Jahresförderung	2'100 a	17 a	96 a
Reichweite bez. Weltenergieverbrauch 1996	535 a	6 a	21 a
nicht berücksichtigte Vorräte		Schweröl 8'000 EJ Teersände 17'000 EJ Ölschiefer 120'000 EJ	

Kernenergie

Die folgende Tabelle bezieht sich auf die direkte Nutzung von ^{235}U. Ein möglicher Einsatz von Mischoxid-Brennelementen oder andere fortgeschrittene Brennstoffzyklen sind nicht berücksichtigt.

Es ist interessant anzumerken, dass das spaltbare Material aus der Abrüstung des Kernwaffenarsenals dem Brennwert von etwa 5 Jahresfördermengen Natururan entspricht. Die sicherste Entsorgung des Plutoniums wäre das 'Verbrennen' in Kernreaktoren mit gleichzeitiger energetischer Nutzung.

Relevante Dimensionen der Diskussion um die Nutzung der Kernenergie werden im Kapitel 2 aufgegriffen.

Tab. 1.4 Verfügbarkeit und Reichweite der Uranvorkommen

	Natur-Uran
Reserven (≥ 3 kg U / t Gestein)	1'600 EJ
Jahresförderung für 270 GW$_{el}$	30 EJ
Reichweite bez. Jahresförderung	50 a
Reichweite bez. Weltenergieverbrauch 1990	5 a
Ressourcen ≥ 3 kg U / t Gestein ≥ 1 kg U / t Gestein ≥ .1 kg U / t Gestein	1'000 EJ 10'000 EJ 1'000'000 EJ

1.7 Erneuerbare Energien

Die Einsatzmöglichkeiten erneuerbarer Energien sind das zentrale Thema der folgenden Kapitel dieser Vorlesung. Biomasse, Windenergie und Erdwärme sind Gegenstand der Kapitel 3, 5 und 6.

Über das theoretische Potential der Sonnenenergie wurde oft berichtet. Jährlich bestrahlt die Sonne die äussere Erdatmosphäre mit 1.5×10^{18} kWh; 30 % davon werden direkt reflektiert. Zur Erwärmung der Landmassen tragen 11 % = 1.7×10^{17} kWh bei. Dieser Grösse kann der menschliche Energieverbrauch von 10^{14} kWh gegenübergestellt werden.

Es fehlt also nicht an Energie, sondern an Technologien zu deren Nutzung, wie wir in Kapitel 4 diskutieren werden.

Spezifische Literatur zu den einzelnen Technologien wird in den entsprechenden Kapiteln vorgestellt. Übersichten mit vielen Zitaten werden in Ref. [1, 8-10] gegeben. Für die thermodynamischen und physikalisch-chemischen Grundlagen sei auf die umfangreiche Standardliteratur verwiesen (z.B. [11,12]).

Literatur

[1]   Diekmann B., Heinloth, K.: Energie. Stuttgart: Teubner 1997

[2]   British Petroleum: Statistical Review of World Energy.
       London: BP 1997

[3]   US Department of Energy: International Energy Annual 1996.
       Document EIA-0219/96. Washington: DOE 1997

[4]   World Energy Council and International Institute for Applied Systems
       Analysis, Global Energy Perspectives to 2050 and Beyond.
       London: World Energy Council 1995

[5]   Kesselring, P., Winter, C.-J.: World Energy Scenarios:
       A Two-Kilowatt Society - Plausible Future of Illusion?
       Proc. Energietage 94. Villigen: Paul Scherrer Institut 1994

[6]   ETH Bereich: Strategie Nachhaltigkeit. Schlussbericht Phase 2 und
       Arbeitspapiere Phase 3. Zürich: ETH-Rat, 1997, 1998

[7]   United Nations, Department of Economic and Social Affairs:
       World Energy Supplies 1950-1974. New York: UN 1976

[8]   Eliasson, B.: Renewable Energy. Baden: ABB 1998

[9]   Enquête Kommission des Deutschen Bundestages:
       Vorsorge zum Schutz der Erdatmosphäre. Bonn: 1990

[10]   Heinloth, K.: Energie und Umwelt. Zürich: vdf 1995

[11]   Atkins, P.: Physikalische Chemie. Weinheim: VCH 1987

[12]   Baehr, H.-D.: Thermodynamik. Berlin: Springer 1996

2 Methodik für die Bewertung von Energiesystemen

2.1 Verfügbarkeit, Potential, Wirtschaftlichkeit

Wenn in den folgenden Kapiteln die erneuerbaren Energien sequentiell besprochen werden, sind jeweils folgende Fragen zu beantworten.

A   mengenmässige Verfügbarkeit der Primärenergie (geographisch, zeitlich)

B   notwendige Energieinvestition für die Nutzung; 'Energierückzahldauer'

C   Investitionskosten für die Nutzung

D   Betriebskosten für die Nutzung

E   Anwendungsziele (Sekundärenergie, Endenergie, Energiedienst-leistung)

F   Wirkungsgrad der Umwandlung in Sekundärenergie als Funktion der Betriebsparameter

G   Kosten der produzierten Sekundärenergie.

Diese Kenngrössen sind stark voneinander abhängig:

Investitions- und Betriebskosten hängen von der Anlagegrösse einerseits und vom technologischen Reifegrad andererseits ab (Prototyp vs. eingeführtes Serienprodukt).

Kosten der produzierten Sekundärenergie werden weitgehend bestimmt durch Investitionskosten, Betriebskosten, Primärenergiekosten und Wirkungsgrad (s.u.).

Der Energieaufwand für Erstellung und Betrieb fliesst in alle drei genannten Kostentypen ein.

Schliesslich existieren Rückkopplungen: Werden die neuen Anlagen mit Energie aus anderen Quellen (z.B. gegenwärtiger Elektrizitätsmix) oder mit dem Output aus Anlagen desselben Typs erstellt?

Produktionskosten

$$\text{Jahreskosten } C_{tot} = \text{Kapitalkosten } C_K$$
$$+ \text{ Betriebs- und Unterhaltskosten } C_B$$
$$+ \text{ Energiekosten } C_E + \text{ Steuern / Abgaben } C_S. \quad (2.1)$$

a) Kapitalkosten

Das investierte Kapital setzt sich zusammen aus Fixkosten, Anlagekosten und ggf. Kosten für einen notwendigen Speicher.

$$K = C_1 + C_2 A + K_3 \qquad\qquad (2.2)$$

mit
C_1 = Fixkosten,
$C_2 A$ = Kosten proportional zur Anlagegrösse A,
K_3 = Speicherkosten (abhängig vom Speichertyp).

Die jährlichen Kapitalkosten C_K berechnet man vereinfacht aus dem investierten Kapital K mit Hilfe der Annuität a,

$$C_K = a\,K \qquad\qquad (2.3)$$

Die Berechung der Annuität wird unter f) diskutiert.

b) Betriebs- und Unterhaltskosten

Die jährlichen Betriebs- und Unterhaltskosten kalkuliert man häufig als einen Bruchteil des investierten Kapitals, z.B.

$$C_B = b\,K \qquad\qquad (2.4)$$
(typische Werte von b variieren zwischen b = 0.02 und b = 0.15).

c) Energiekosten

Die Energiekosten sind proportional zur produzierten Sekundärenergie, zum Preis des Primärenergieträgers pro Einheit des Brennwertes und invers proportional zum Wirkungsgrad. Für erneuerbare Energien fallen keine Energiekosten an.

d) Jahresenergieproduktion

Die Jahresenergieproduktion ergibt sich aus der zeitlich variablen Leistung $\dot{E}$ der Anlage als

$$E = \int \dot{E}\, dt = \int \eta \; P_{Strahlung}\, dt\,, \tag{2.5}$$

wobei sich die zweite Gleichung auf den Fall der Sonnenenergie mit einer Einstrahlungsleistung $P_{Strahlung}$ und einem Umwandlungswirkungsgrad η bezieht.

e) Energieerzeugungskosten

Die Energieerzeugungskosten (auch als Energiegestehungskosten bezeichnet) ergeben sich aus den Jahreskosten und der jährlichen Energieproduktion als

$$C_E = C_{tot}\, /\, E\,. \tag{2.6}$$

Gleichung (2.6) bildet die Grundlage für den ökonomischen Vergleich verschiedener Technologien zur Energiebereitstellung.

f) Berechnung der Annuität a

Das investierte Kapital K muss während der Laufzeit der Anlage von n Jahren zurückgezahlt werden. Um (inflationsbereinigt) einen zeitlich konstanten Energieproduktionspreis zu berechnen, wird angenommen, dass die Rückzahlung in n gleich grossen Tranchen erfolgt (d.h. Summe aus Zins und Amortisation = konstant). Der (inflationsbereinigte) Zinssatz betrage i. Dann ergibt sich der Annuitätsfaktor aus der Überlegung, dass der Gegenwartswert[1] aller Zahlungen nach j Jahren erfolgenden Zahlungen gleich dem eingesetzten Kapital sein sein muss.

Wir benützen die Formel für die Summe einer geometrischen Reihe mit dem Faktor q,

---

[1] Der Gegenwartswert Z_0 einer zukünftigen Zahlung Z ist der Betrag, den man heute zum Zinssatz i anlegen muss, um zum Zeitpunkt der Zahlung genau Z zur Verfügung zu haben.

$$\sum_{j=0}^{n-1} b_0 \, q^j = b_0 \, \frac{1-q^n}{1-q} \; . \tag{2.7}$$

Der Gegenwartswert der n Annuitätszahlungen beträgt

$$\sum_{j=1}^{n} a\,K\,(1+i)^{-j} = \frac{a\,K}{1+i} \sum_{j=0}^{n-1} (1+i)^{-j} = \frac{a\,K}{1+i}\,\frac{1-(1+i)^{-n}}{1-(1+i)^{-1}} \; . \tag{2.8}$$

Setzt man diesen Ausdruck gleich K , so ergibt sich

$$a = \frac{i}{1-(1+i)^{-n}} \; . \tag{2.9}$$

Approximativ berechnet sich der Annuitätsfaktor wie folgt:

$$a \approx \frac{1}{n} + i\,\frac{n+1}{2}\,\frac{1}{n} \; . \tag{2.10}$$

Der erste Term ist die Tilgung, der zweite Term beschreibt die Zinsen auf dem Mittelwert der Restschuld, die noch zurückgezalht werden muss (im ersten Jahr $n \cdot \frac{1}{n}$, im letzten Jahr $\frac{1}{n}$).

Energie-Erntefaktor

Der Energie-Erntefaktor ε ist definiert als das Verhältnis der durch eine Technologie verfügbar gemachten Sekundärenergie zu dem benötigten Aufwand an Energie für Bau, Unterhalt und Betrieb der Anlage, beides summiert über die Lebenszeit der Anlage von der Erstellung bis zur Entsorgung.

Die Bestimmung des Energie-Erntefaktors erfordert eine Lebenszyklenanalyse 'von der Wiege bis zur Bahre' unter Einbeziehung aller verwendeten Materialien, Produkte und Dienstleistungen.

Die Energie-Rückzahlzeit $T_{Payback}$ ergibt sich dann aus der Lebenszeit T_L der Anlage gemäss

$$T_{Payback} = T_L \, / \, \varepsilon \tag{2.11}$$

Tab. 2.1 Typische Erntefaktoren und Lebenszeiten für Anlagen
zur Nutzung erneuerbarer und nicht erneuerbarer Energien

Umwandlungs-Anlage	realer Wirkungsgrad	Energie-Erntefaktor	Lebenszeit (Jahre)	Energie-Rückzahlzeit (Jahre)
Wasserkraft	90 %	10 - 20	≈ 60	3 - 6
Windenergie	40 %	≈ 8	15 - 20	2 - 2.5
Solarthermisches Kraftwerk	20 - 25 %	≈ 3 (Ziel)	≈ 25 (Projektion)	≈ 8
Photovoltaik-Anlage	10 - 15 %	≈ 4 - 6	≈ 20 - 30	≈ 5
Sonnen-kollektor	50 %	4	20	5
Biogas-Blockheiz-kraftwerk	50 % + Wärme (Ziel)	3	20	7
öl- / gas-befeuertes Dampfkraftwerk	40 %	8	30	4
Dampfheiz-kraftwerk	35 % + Wärme	8	30	4
Gas / Dampf-Kombikraftwerk	50 - 60 %	8	30	4
steinkohle-befeuertes Dampfkraftwerk	40 %	4	30	8
Siedewasser-reaktor	30 %	7	40	6

Bei dieser Berechnung ist der Energieinhalt allfälliger Brennstoffe nicht berücksichtigt. Würde man ihn einrechnen, so liefern nur die erneuerbare Energien positive Erntefaktoren, da alle Energieumwandlungsanlagen mit Verlusten arbeiten, d.h. die produzierte Energie ist geringer als der Energiegehalt der Primärenergierohstoffe.

Technologiesubstitution

Die Rückzahlzeit bestimmt die Rate, mit der eine neue Energietechnologie eingeführt werden kann. Sei C die zugehörige installierte Kraftwerkskapazität, zu deren Aufbau die Energie E_{in} benötigt wird. Dann gilt

$$\frac{dC}{dt} = \alpha \, \frac{dE_{in}}{dt} - \frac{1}{T_L} \, C \qquad (2.12)$$

Der erste Term auf der rechten Seite entspricht dabei dem Zubau an Kapazität, wobei α beschreibt, wieviel Energie zur Erstellung einer Kapazitätseinheit benötigt wird. Der zweite Term repräsentiert den altersbedingten Abbau von Kraftwerken. Die Leistung der installierten Kapazität ergibt sich gerade zu

$$\frac{dE_{out}}{dt} = C \; . \qquad (2.13)$$

Für den stationären Zustand (Zubau = Abbau) $\dfrac{dC}{dt} = 0$ ergibt sich

$$\frac{dE_{out}}{dt} = C = \alpha \, T_L \, \frac{dE_{in}}{dt} \quad \text{und damit} \quad \alpha \, T_L = \varepsilon \; . \qquad (2.14)$$

Betrachten wir nun den Fall, dass die Hälfte der erzeugten Energie zum Aufbau von zusätzlicher Kraftwerkskapazität verwendet wird. Dann gilt

$$\frac{dC}{dt} = \alpha \, \frac{dE_{in}}{dt} - \frac{1}{T_L} \, C = \frac{\alpha}{2} \, C - \frac{1}{T_L} \, C = \left(\frac{\varepsilon}{2} - 1 \right) \frac{1}{T_L} \, C \; . \qquad (2.15)$$

Die Zeitkonstante für einen exponentiellen Aufbau der Kraftwerkskapazität 'mit eigenen Energiemitteln' beträgt somit

$$T_A = T_L \left(\frac{\varepsilon}{2} - 1 \right)^{-1} \; . \qquad (2.16)$$

Die Zeit bis zu einer Verdoppelung der Kraftwerkskapazität beträgt $\ln 2 \cdot T_A$.

Beispiel: Für $T_L = 20$ Jahre und $\varepsilon = 3$ ergibt sich $T_A = 40$ Jahre und eine Verdoppelungszeit von 28 Jahren. Würde man nicht die halbe, sondern die gesamte Output-Energie zum Kapazitätsaufbau verwenden, so ist der Faktor $\varepsilon/2$ durch ε zu ersetzen; die Aufbauzeit verkürzt sich im Beispiel auf 10 Jahre. Dabei liefern diese Kraftwerke allerdings kein extern nutzbares Produkt, was die Finanzierung des Aufbaus erschwert.

Die Ergebnisse dieses einfachen Modells dürfen nicht überbewertet werden. So besteht u.a. nur ein kleiner Teil der für den Kraftwerksbau benötigten Energie aus elektrischer Energie. Historisch erfolgte z.B. der Ausbau der Kernenergie im Zeitraum 1965 - 1977 mit einer typischen Zeitkonstante von 4 Jahren. Der durch die Werke produzierte Strom hätte nicht ausgereicht, um die für den Ausbau erforderliche *Gesamt*energie zu liefern.

Schlussfolgerungen:
Die Zeit, mit der eine neue Energietechnologie eingeführt werden kann, ist proportional zur Lebenszeit der Kraftwerke und (für grosse ε) invers proportional zum Erntefaktor. Grosse Werte von ε sind deshalb (neben der Verfügbarkeit von Material und Investitionskapital sowie neben den Produktionskosten, welche die Kompetitivität bestimmen) *eine* wichtige Voraussetzung dafür, dass eine Technologie in absehbarer Zeit einen signifikanten Beitrag zur globalen Energieversorgung leisten kann.

Zeitliche Verfügbarkeit

Für konventionelle Kraftwerke geht man von 8000 Betriebsstunden pro Jahr aus (90 %), doch können je nach Einsatzzweck (Mittel- und Spitzenlastkraftwerke) auch deutlich niedrigere Einsatzzeiten sinnvoll sein.

Laufwasserkraftwerke können 8760 Stunden pro Jahr erreichen (100 %). Windenergie steht abhängig vom Standort für 3000 - 7000 Stunden pro Jahr zur Verfügung.

Nutzbare Solareinstrahlung ist je nach Standort und Art der Fokussierung für 1500 - 3000 Stunden pro Jahr verfügbar. Ein Wärmespeicher kann die kontinuierliche Stromproduktion über 8000 Stunden ermöglichen. Trotzdem muss das Kollektorfeld entsprechend grösser ausgelegt werden, um den Faktor zwischen Zeit mit Sonneneinstrahlung und Zeit des Bedarfs zu kompensieren. Eine Vergrösserung der zeitlichen Verfügbarkeit bei gleichem Primärenergieangebot bedingt also eine Erhöhung der Investitionen.

Ein weiterer wichtiger Aspekt der zeitlichen Verfügbarkeit ist die Planbarkeit und Verlässlichkeit der Energiebereitstellung. Ein Speicherkraftwerk liefert beispielsweise hochwertigen Spitzenstrom. Energie aus Windkraftanlagen jedoch ist (bei durchaus vergleichbarer oder gar höherer Auslastung) wirtschaftlich weniger wertvoll, weil ihr Anfall nur schlecht vorhersagbar und häufig starken kurzzeitigen Schwankungen unterworfen ist.

2.2 Ökobilanzen und Analyse vollständiger Energieketten

2.2.1 Life Cycle Analysis

Die Life Cycle Analysis (LCA, Lebenszyklenanalyse) bilanziert den Resourcenverbrauch und die Emissionen nicht nur bei der Bereitstellung einer Dienstleistung, sondern über die gesamte Kette von der Gewinnung der notwendigen Rohstoffe über die Herstellung der notwendigen Apparaturen und deren Betrieb bis zur vollständigen Entsorgung.

Die Wichtigkeit der LCA illustrieren folgende einfache Beispiele.

Bei der Diskussion konventioneller und alternativer Antriebstypen von Automobilen genügt es nicht, nur Treibstoffverbrauch oder Stickoxidemissionen pro Einheit der gefahrenen Strecke zu vergleichen. Vielmehr sind der Energieverbrauch, der Materialeinsatz und die Emissionen für die Herstellung des Fahrzeuges, für die Bereitstellung des jeweiligen Treibstoffes und für das Recycling / die Entsorgung der Fahrzeugteile zu bilanzieren und auf die während der Einsatzdauer des Fahrzeuges absolvierte Fahrstrecke umzulegen. An diesem Beispiel erkennt man ferner, dass zwischen Output und Input einer Ökobilanz eine Rückkopplung bestehen kann. So werden die zur Herstellung eines Lastwagens notwendigen Teile häufig mit Lastwagen antransportiert. Die zugehörigen Emissionen hängen von der Ökobilanz dieser Lastwagen ab, welche z.B. noch mit der Technologie der vorhergehenden Generation hergestellt wurden.

Bilanziert man die Emissionen eines Photovoltaik- (PV-) Kraftwerkes, so rühren diese bekanntlich nicht von der Stromerzeugung in den PV-Modulen her. Vielmehr sind die zur Herstellung des Siliziums, der Panele, der Trägerstrukturen und der Kraftwerks-Infrastruktur notwendigen Energiebeträge sowie prozessbedingte Emissionen aus den einzelnen Herstellungsschritten zu berücksichtigen. Darüber hinaus fallen Emissionen bei Unterhalt und Wartung sowie der Entsorgung der Infrastruktur am Ende ihrer Gebrauchsdauer an.

Man sieht, dass die Life-Cycle-Emissionen des PV-Kraftwerkes entscheidend davon abhängen, aus welchen Quellen die für Erstellung und Betrieb nötige Energie stammt. Dabei können positive Rückkopplungen auftreten, wenn Energie für den Bau eines Kraftwerkes aus einem Kraftwerk desselben Typs bezogen wird.

Dieser Schritt, in dem sämtliche Energie- und Stofflüsse (einschliesslich der Emissionen), die einem Gut angelastet werden müssen, bestimmt werden, wird als *Inventarisierung* bezeichnet. In einem zweiten Schritt werden die einzelnen Umweltbelastungen in Auswirkungsklassen zusammengefasst (*Klassifizierung*). Häufig wird auch versucht, die gesamte Umweltbelastung in einer einzigen Zahl auszudrücken, um schnelle Vergleichbarkeit mehrerer Alternativen zu ermöglichen (*Bewertung*).

2.2.2 Grundlagen der Inventarisierung

Das Prinzip soll hier am Beispiel von Energieversorgungssystemen illustriert werden. In ähnlicher Form kann der gesamte Resourcenverbrauch und die Gesamtheit der Emissionen für jede Form von Produkten oder Dienstleistungen angegeben werden. Für die Grundlagen der Ökobilanzierung sei auf die Literatur verwiesen [1].

Ein einfaches Beispiel illustriert die gegenseitige Abhängigkeit der kumulierten Ressourcenverbräuche: Die Bereitstellung von Heizöl umfasst die Teilschritte Exploration, Förderung, Transport durch Hochseetanker, Raffinerie und Verteilung. In jedem dieser Schritte werden zur Herstellung und zum Betrieb der Apparaturen wiederum Erdölprodukte verbraucht.

Dieser Abhängigkeit kann durch einen modularen Charakter der Ökoinventare [2] Rechnung getragen werden. Man verknüpft (s.u.) Module für

- Basismaterialien (z.B. Stahl, Beton, Glas)
- Systemkomponenten (z.B. Turbinen, Solarzellen)
- Teilprozesse (z.B. Erdölförderung, Raffinerie)
- Basisdienstleistungen (z.B. Schiffstransport, Lastwagentransport)
- Entsorgungsprozesse (z.B. Kehrichtverbrennung, Deponie).

Grundlage der Berechnung ist eine relationale Datenbank, die Informationen über die Module und ihre Verknüpfungen enthält.

Die Nomenklatur von Frischknecht und Kolm [3] unterscheidet zwischen Teilprozessen $\hat{P}_k$ ($k = 1, ..., m$) und Umweltinteraktionen $\ddot{R}_j$ (Ressourcenverbrauch, Emission bzw. Deposition von Schadstoffen; $j = 1, ..., n$). Die Quantität der Nachfrage nach einem Teilprozess wollen wir mit p_k, die mengenmässige Grösse der Umweltinteraktion mit r_j bezeichnen. Die Nachfrage nach einem Teilprozess $\hat{P}_k$ löst partiell andere Teilprozesse $\hat{P}_j$ aus.

Ausgelöste Prozesse $\hat{P}_k$ verursachen *direkt* Umweltinteraktionen $\ddot{R}_j$ mit den Amplituden b_{jk}. Wählen wir den oberen Index *na* für 'nachgefragt' (useful demand) und *a* für 'ausgelöst' (total demand), dann können wir den *direkt* ausgelösten Ressourcenverbrauch aller Teilprozesse $\hat{P}_k$ durch folgende Matrixgleichung darstellen:

$$\begin{pmatrix} \cdot\cdot \\ r_j \\ \cdot\cdot \end{pmatrix} = [B] \begin{pmatrix} \cdot\cdot \\ p_k^a \\ \cdot\cdot \end{pmatrix}. \tag{2.17}$$

Jede Nachfrage, aber auch jeder ausgelöste Prozess und jede Umweltinteraktion löst ihrerseits im Wirtschaftssystem wieder Prozesse aus, was wir durch folgende Zuweisung ausdrücken wollen:

$$\begin{pmatrix} \cdot\cdot \\ p_k^a \\ \cdot\cdot \end{pmatrix} \Leftarrow [1] \begin{pmatrix} \cdot\cdot \\ p_k^{na} \\ \cdot\cdot \end{pmatrix} + [M] \begin{pmatrix} \cdot\cdot \\ p_k^a \\ \cdot\cdot \end{pmatrix} + [N] \begin{pmatrix} \cdot\cdot \\ r_j \\ \cdot\cdot \end{pmatrix}. \tag{2.18}$$

Einsetzen von Gleichung (2.17) und Separieren der Terme gemäss nachgefragten und ausgelösten Prozessen ergibt

$$\{ [1] - [M] - [N][B] \} \begin{pmatrix} \cdot\cdot \\ p_k^a \\ \cdot\cdot \end{pmatrix} = [1] \begin{pmatrix} \cdot\cdot \\ p_k^{na} \\ \cdot\cdot \end{pmatrix}. \tag{2.19}$$

Bezeichnen wir die resultierende Matrix auf der linken Seite (Inhalt der geschweiften Klammer) mit $[A]$, so ist Gleichung (2.19) identisch mit

$$[A] \begin{pmatrix} \cdot\cdot \\ p_k^a \\ \cdot\cdot \end{pmatrix} = \begin{pmatrix} \cdot\cdot \\ p_k^{na} \\ \cdot\cdot \end{pmatrix} . \tag{2.20}$$

Durch Matrixinversion können wir den Umfang der ablaufenden Prozesse auf die Nachfrage zurückführen.

$$\begin{pmatrix} \cdot\cdot \\ p_k^a \\ \cdot\cdot \end{pmatrix} = [A]^{-1} \begin{pmatrix} \cdot\cdot \\ p_k^{na} \\ \cdot\cdot \end{pmatrix} . \tag{2.21}$$

Wird dieses Resultat in Gleichung (2.21) eingesetzt, dann kann der Ressourcenverbrauch auf die Nachfrage zurückgeführt bzw. dieser zugeordnet werden,

$$\begin{pmatrix} \cdot\cdot \\ r_j \\ \cdot\cdot \end{pmatrix} = [B] [A]^{-1} \begin{pmatrix} \cdot\cdot \\ p_i^{na} \\ \cdot\cdot \end{pmatrix} . \tag{2.22}$$

Gleichungen (2.21) und (2.22) stellen das zentrale Resultat der Ökobilanzierung dar. Die erste Gleichung zeigt, welche anderen Teilprozesse eine Nachfrage auslöst. Die zweite Gleichung illustriert, welche Ressourcenbelastungen der Nachfrage zugewiesen werden müssen.

Bezeichnet man die zu bestimmenden Matrizen mit

$$[C] \equiv [A]^{-1} \quad \text{und} \quad [D] \equiv [B] [A]^{-1} \equiv [B] [C] , \tag{2.23}$$

so ergibt sich das Gleichungssystem

$$[C A \quad D A] = [1 \quad B] . \tag{2.24}$$

bzw.

$$[A]^T \begin{bmatrix} C \\ D \end{bmatrix}^T = \begin{bmatrix} 1 \\ B \end{bmatrix}^T . \tag{2.25}$$

Betrachtet man $\begin{bmatrix} C \\ D \end{bmatrix}^T$ als das zu bestimmende Resultat $[R]$, so lautet Gleichung (2.25)

$$[A]^T [R] = \begin{bmatrix} 1 \\ B \end{bmatrix}^T .$$ (2.26)

Das Resultat $[R]$ wird also durch die Inversion eines linearen Gleichungssystems erhalten.

Die Anwendung dieser Theorie setzt voraus, dass man das gesamte Wirtschaftssystem hinreichend genau beschreiben kann. Dies ist häufig nicht möglich und oft auch nicht nötig: In vielen Fällen (insbesondere bei der Bilanzierung von Prozessen mit kleinem Volumen) können Rückkopplungen auf das Wirschaftssystem vernachlässigt werden. Dies vereinfacht die nötigen Berechnungen erheblich.

2.2.3 Klassifizierung und Bewertung

Ein vollständiges ökologisches Inventar enthält typischerweise mehrere hundert verschiedene Umweltbelastungon. Für eine übersichtliche vergleichende Darstellung wurden im Rahmen der "Ökoinventare" [2] die Emissionen in 13 Wirkungsklassen (impact classes) zusammengefasst. Innerhalb jeder Klasse wird die relative Schwere der Auswirkungen einzelner Schadstoffe relativ zu einem charakteristischen Repräsentanten normiert, und die Schadstoffeinträge werden entsprechend gewichtet.

Ziel vieler Ökobilanzen ist es, die gesamte Umweltbelastung, die von einem Produkt oder einer Dienstleistung ausgeht, mit einer einzigen Zahl zu bewerten. Ein Spezialfall davon ist die Monetarisierung (Bewertung in Geldeinheiten) von Umweltschäden. Hier sei angemerkt, dass bis heute keine allgemein anerkannte Methode zur vergleichenden Bewertung verschiedener Umweltbelastungen existiert. Auf dieses wissenschaftlich schwierige Problem wird in Kapitel 8 ansatzweise eingegangen.

Tab. 2.2 Ökologische Wirkungsklassen energiebedingter Emissionen

Auswirkungsklasse (nach [2])	Beispiele
Treibhauseffekt	CO_2, CH_4, FCKW
Ozonabbau	FCKW
Photosmog (Ozonproduktion)	VOC, NO_2
Boden-Versäuerung	SO_2, NO_2
Überdüngung	Phosphat, Nitrat
Freisetzung von Radioaktivität	^{90}Kr, ^3H
Humantoxizität	Dioxine
Ökotoxizität	Schwermetalle
Geruchsbelastung	
Lärmbelastung	
visuelle Verunstaltung	
Veränderung der Erdoberfläche	
Ressourcenverbrauch	

2.2.4 Vollständige Energieketten (Full Energy Chains)

Als Beispiel für die Life Cycle Analysis wird die Analyse vollständiger Energieketten vorgestellt [4]. Dabei bilanziert man sämtliche involvierten Teilprozesse und den gesamten Ressourcenverbrauch, die bei der effektiven Produktion einer Energieeinheit durch einen bestimmten Prozess (Kraftwerkstyp) involviert sind. Im Sinne der Life Cycle Analysis werden sämtliche Schritte berücksichtigt, die für die Erbringung der Energiedienstleistung notwendig sind.

Für die Berechnung vollständiger Energieketten ist ein Wirtschaftsmodell erforderlich, wie die folgende Überlegung zeigt. Bei der Erstellung eines Kraftwerks und bei der Durchführung des zugehörigen Brennstoffzyklus wird u.a. immer auch Elektrizität verbraucht. Dieser Anteil ist beträchtlich; er beträgt 0.2 % bei Wasserkraft, 1 % bei Gasturbinen, 2 - 4 % bei Erdöl, Kohle und Kernkraft sowie > 10 % bei der Photovoltaik. Für die Bilanzierung muss spezifiziert werden, wie diese Elektrizität produziert wurde, d.h. der Energiemix des Wirtschaftssystems muss bekannt sein.

Das Modell eines Wirtschaftssystems wurde bei der allgemeinen Herleitung der Formeln für die Ökobilanzierung, u.a. bei der Diskussion von Gl. (2.17), explizit vorausgesetzt.

Genau an dieser Stelle ergeben sich immer dann konzeptionelle Schwierigkeiten, wenn man ein kleines Teilsystem auszugrenzen bzw. isoliert zu betrachten versucht (Bsp. Stromimporte).

Tab. 2.3   Anteil verschiedener Primärenergieträger an der Elektrizitätsproduktion 1990
           (aus Ref. [2])

	Braun-kohle%	Stein-kohle%	Erdöl %	Erdgas %	Kern-energie%	Wasser-kraft %	andere %
Schweiz			1.2		41.2	56.7	0.9
UCPTE	10.5	18.3	9.6	9.5	36.2	15.2	0.7

UCPTE: Union pour la Coordination de la Production et du Transport de l' Electricité
         (A, B, F, D, GR, I, L, NL, P, E, CH, früheres Jugoslawien)

Die Abbildung 2.1 illustriert den Verbrauch an Primärenergieträgern in kg pro TJ Elektrizität, wenn diese Energiemenge in einem Kraftwerk eines bestimmten Typs produziert wird (Balkentyp). Man beachte die logarithmische Skala!

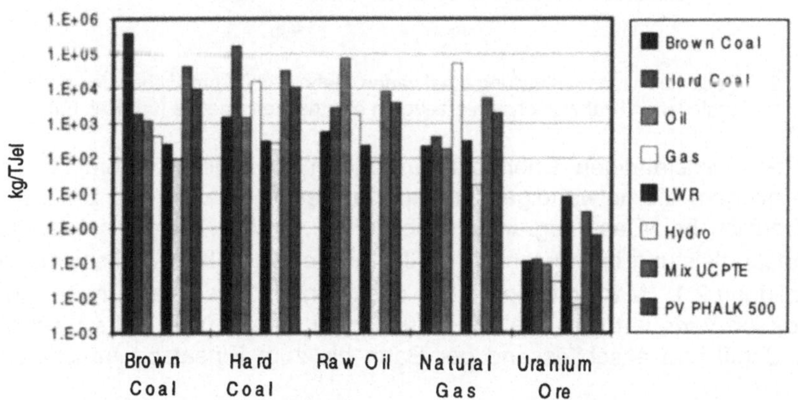

Abb. 2.1   Verbrauch von Primärenergierohstoffen (Braunkohle, Steinkohle, Erdöl,
           Erdgas, Uranerz) bei der Elektrizitätserzeugung durch verschiedene
           Krafterwerkstypen (Legende: rechter Kasten; LWR: Leichtwasserreaktor;
           PV PHALK 500: Photovoltaikkraftwerk auf dem Mont Soleil, CH; aus Ref. [5]).

- Ein Steinkohlekraftwerk (jeweils zweiter Balken) verbraucht nicht nur 10^5 kg Steinkohle pro TJ_{el}, sondern zusätzlich (indirekt) 10^3 kg Braunkohle, 2×10^3 kg Erdöl, 4×10^2 kg Erdgas und 0.1 kg Uran.

- Beachtenswert ist der Verbrauch fossiler Brennstoffe für den UCPTE - Mix. Der im Vergleich zur vorstehenden Tabelle (Anteil der produzierten Elektrizität) überproportional höhere Anteil der Braunkohle ist auf deren geringeren Energieinhalt pro kg zurückzuführen.

- Der geringste mengenmässige Materialverbrauch ist mit der Wasserkraft und der Kernenergie verknüpft.

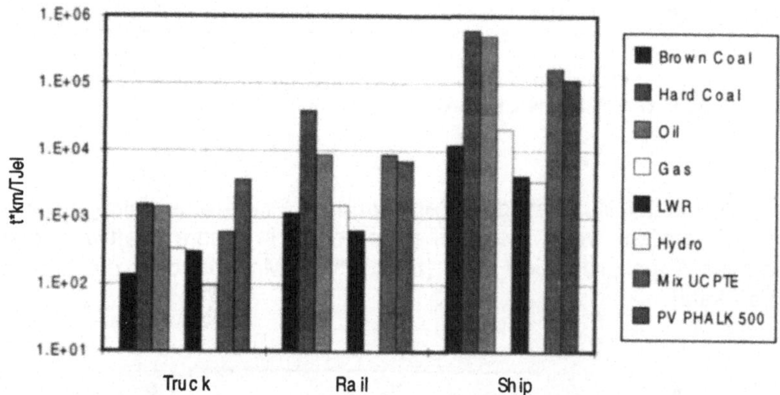

Abb. 2.2 Bedarf an Transportleistung (Lastwagen, Bahn, Schiff) pro Einheit der in verschiedenen Kraftwerkstypen erzeugten elektrischen Energie (aus Ref. [5]).

Zu den vollständigen Energieketten tragen (bezüglich Verbrauch und Emissionen) die notwendigen Transporte von Materialien und Brennstoff wesentlich bei. Das Diagramm (Abbildung 2.2) illustriert die notwendige Transportleistung in (t × km) pro TJ_{el} für dieselben Kraftwerkstypen wie Abbildung 2.1. Man erkennt z.B., dass Braunkohle meist nahe dem Abbauort verfeuert wird, während Steinkohle und Öl über weite Strecken per Schiff und anschliessend per Bahn bis zum Einsatzort transportiert werden.

Die folgenden Diagramme (Abbildung 2.3, 2.4) zeigen, dass auch für den Fall der als sauber geltenden Technologien nicht zu vernachlässigende Emissionen entstehen.

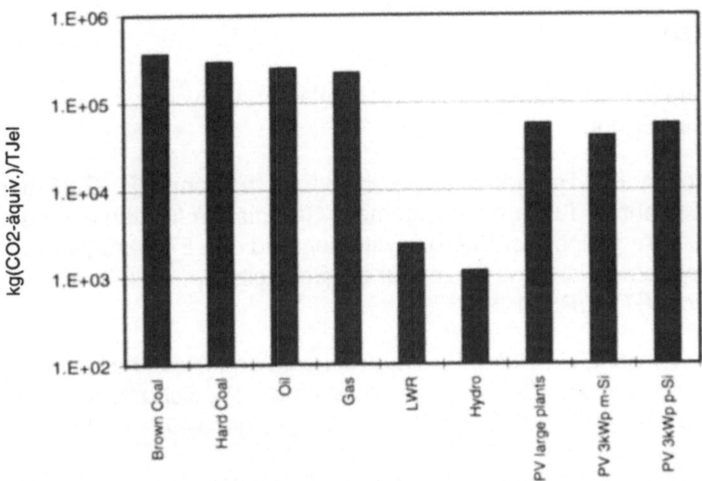

Abb. 2.3 Treibhausgas-Emissionen bei der Elektrizitätserzeugung in verschiedenen Kraftwerkstypen [4]. Greenhouse warming potentials nach Houghton et al. [6], kumulierter Effekt über 100 Jahre.

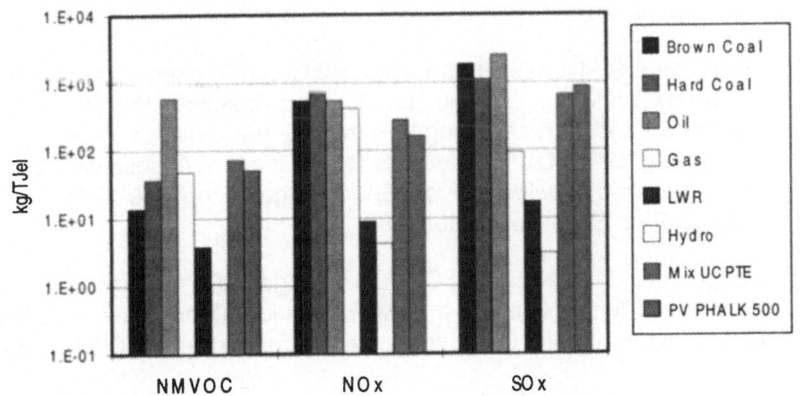

Abb. 2.4 Ausgewählte Emissionen durch verschiedene Kraftwerktypen [5].
NMVOC: Non-Methane Volatile Organic Compounds,
d.h. flüchtige organische Verbindungen ausser Methan.

Literatur

[1]   Schmidt, M., Schorb, A. (Hrsg.): Stoffstromanalysen.
Berlin: Springer 1995

[2]   Frischknecht, R., Hofstetter, P., Knoepfel, I., Dones, R., Zollinger, E.:
Ökoinventare für Energiesysteme – Grundlagen für den ökologischen Vergleich von Energiesystemen und den Einbezug von Energiesystemen in Ökobilanzen für die Schweiz.
Zürich: ETHZ/PSI 1996

[3]   Frischknecht, R., Kolm, P.: Modellansatz und Algorithmus zur
Berechnung von Ökobilanzen. In: Schmidt, M., Schorb, A. (Hrsg.):
Stoffstromanalysen, S. 79-96. Berlin: Springer 1995

[4]   Dones, R., Hirschberg, S., Knoepfel, I.: Greenhouse Gas Emission
Inventory Based on Full Energy Chain Analysis.
Proc. IAEA Advisory Group Meeting / Workshop "Full Energy Chain
Assessment of Greenhouse Gas Emission Factors of Nuclear and
Other Energy Sources", Beijing, China, 1994.
IAEA TECDOC Report "Comparison of energy sources in terms of
their full-energy-chain emission factors of greenhouse gases".
Wien: IAEA 1996

[5]   Hirschberg, S., Dones, R., Kypreos, S.: Comprehensive Assessment
of Energy Systems: Approach and Current Results of the Swiss
Activities. Proc. Jahrestagung Kerntechnik '94. Stuttgart: 1994.
Hirschberg, S., Suter, P.: Methods for the Integral Assessment of
Energy-related Problems. Proc. Energietage'94, pp. 259-279.
Villigen: Paul Scherrer Institut 1995

[6]   Houghton, J.T. et al. (Eds.): Climate Change 1994 — Radiative
Forcing of Climate Change and An Evaluation of the IPCC 1992 IS92
Emission Scenarios. Cambridge: Cambridge University Press, 1995

3 Energetische Verwertung von Biomasse

3.1 Kohlenstoffreservoirs und Kohlenstoffkreislauf

Bei der Diskussion anthropogener CO_2-Emissionen ist es nützlich, sich den globalen Kohlenstoffkreislauf und die in den verschiedenen Reservoirs gespeicherten Mengen vor Augen zu stellen. Wie im Kapitel 2 gezeigt, beträgt die gesamte zusätzliche CO_2-Freisetzung durch zivilisatorische Aktivitäten ca. 8 Gt Kohlenstoff pro Jahr; davon stammen ca. 6 Gt aus der Nutzung fossiler Brennstoffe und ca. 2 Gt aus nicht nachhaltiger Verbrennung von Biomasse, d.h. z.B. Abholzung von Wäldern (ohne / mit energetischer Nutzung) ohne gleichzeitige Sicherstellung der Regeneration. Dazu kommt ein natürlicher Fluss von 60 Gt C / a aus der Verwesung von terrestrischer Biomasse und ein Fluss von 100 Gt C / a aus den Ozeanen. Diesem Total von 168 Gt C / a stehen die photosynthetische Bindung auf dem Land von ca. 60 Gt C / a und ein Fluss in die Ozeane von 104 Gt C / a gegenüber. Die verbleibende Differenz von ca. 4 Gt C / a führt zu einem jährlichen Anstieg der atmosphärischen CO_2-Konzentration um 1.4 - 1.8 ppm (vgl. Abschnitt 8.4).

Diese Betrachtung enthält starke Vereinfachungen. Eine Erhöhung der Kohlendioxidkonzentration verstärkt den Zuwachs an Biomasse (in Abhängigkeit von der Globaltemperatur und anderen Faktoren); dadurch könnte jährlich bis zu 1 Gt C als Biomasse fixiert werden. Die angegebene Spanne der Konzentrationszunahme in der Atmosphäre steht im Zusammenhang mit diesem sog. 'missing carbon sink'. Weiter nimmt der konzentrationsgetriebene Fluss von der Atmosphäre in den Ozean zu, da die gelöste Konzentration wegen der zugehörigen grossen Zeitkonstanten unter der gegenwärtigen Gleichgewichtskonzentration liegt (Unterschied der zwei Flüsse aus den Meeren und in die Meere). Nach dem Austausch von oberflächennahen Wasserschichten in die Tiefsee kann das Kohlendioxid durch Sedimentbildung dauerhaft dem Austausch mit der Atmosphäre entzogen werden. Eine detailliertere Analyse dieser Effekte soll in Kapitel 8 vorgenommen werden.

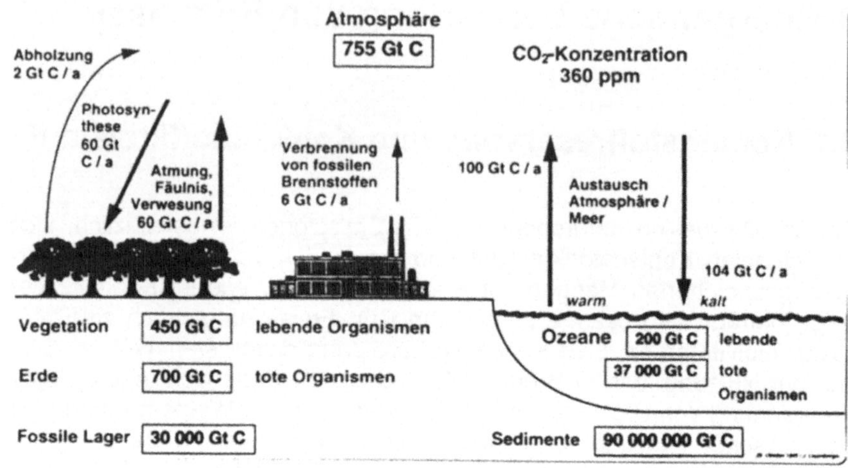

Abb. 3.1 Der globale Kohlenstoffkreislauf (schematisch).

3.2 Nutzbares Biomassepotential

Die gesamte Neubildung von Biomasse beträgt ca. 100 Gt C / a, davon ca. 2/3 auf dem Land (s.o.) und ca. 1/3 in den Ozeanen:

Sümpfe, Steppen, Tundras	24 Gt C / a
Wälder	29 Gt C / a
kultivierte Böden	10 Gt C / a
Meere	37 Gt C / a.

Pro memoria :

$$1 \text{ MJ} = 0.024 \text{ kg Erdöläquivalente} = 0.08 \text{ kg } CO_2 = 0.022 \text{ kg C}$$
$$= 0.034 \text{ kg Steinkohleeinheiten} = 0.09 \text{ kg } CO_2 = 0.025 \text{ kg C}$$
$$= 0.070 \text{ kg Brennholz} = 0.18 \text{ kg } CO_2 = 0.050 \text{ kg C.}$$

$$\text{Jahresenergieverbrauch 1990} = 350 \text{ EJ}$$
$$= 8.4 \text{ Gtoe} = 28 \text{ Gt } CO_2 = 7.6 \text{ Gt C}$$
$$= 12 \text{ Gt SKE} = 31.5 \text{ Gt } CO_2 = 8.6 \text{ Gt C}$$
$$= 24 \text{ Gt Biomasse (Holz)} = 63 \text{ Gt } CO_2 = 17 \text{ Gt C.}$$

Wollte man den globalen Energiebedarf 1990 von 350 EJ mit Biomasse decken, so wären also 17 Gt C aus Biomasse erforderlich. Dies entspricht einem Anteil von 27 -29 % der gesamten Neubildung der Biomasse auf dem Lande, welcher einer energetischen Nutzung zugeführt werden müsste.

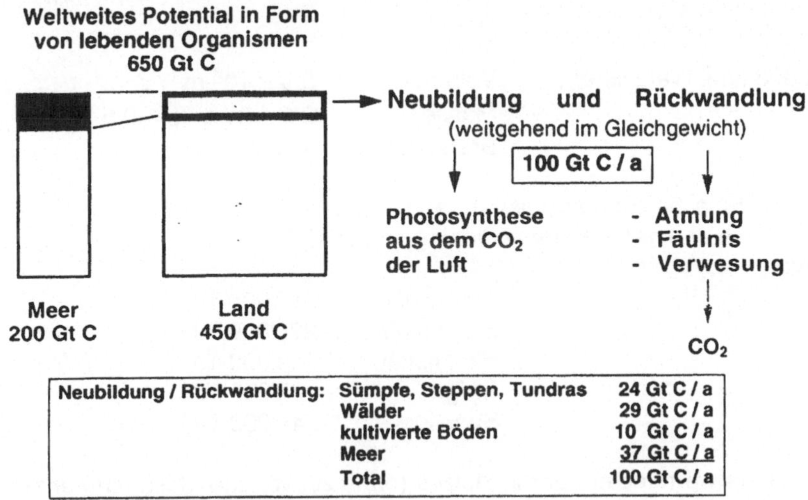

Neubildung / Rückwandlung:	Sümpfe, Steppen, Tundras	24 Gt C / a
	Wälder	29 Gt C / a
	kultivierte Böden	10 Gt C / a
	Meer	37 Gt C / a
	Total	100 Gt C / a

Abb. 3.2 Jährliche Kohlenstoffbindung durch die Photosynthese.

Realistisch muss man davon ausgehen, dass die auf *kultivierten Flächen* nachwachsende Biomasse ausschliesslich für die Ernährung der Weltbevölkerung benötigt wird. Könnte man 20 % der Biomasse aus *Waldflächen* energetisch nutzen, so entspräche dies

≈ 6 Gt C aus Biomasse (Holz) ≈ 120 EJ ≈

≈ 34 % des Weltenergiebedarfs 1990 von 350 EJ

≈ 17 % eines projizierten Weltenergiebedarfs 2100 von 700 EJ
(doppelte Weltbevölkerung, gleicher Verbrauch pro Kopf im globalen Mittel).

Diese Überlegungen zeigen, dass die Biomasse zum angestrebten Anteil der erneuerbaren Energien von 50 % im Jahr 2100 einen signifikanten Beitrag leisten kann [1-4]. Andererseits wäre es illusorisch zu postulieren, dass der gesamte Weltenergieverbrauch nur mit Biomasse gedeckt werden könnte.

Situation in der Schweiz

Bodenfläche 41'293 km^2, davon 11'863 km^2 Wald (28 %).

1 km^2 Wald (100 ha) liefert	Holzzuwachs	740 m^3 / a
	davon erntbar	450 m^3 / a (Schätzung)
	Brennwert	4 TJ.

11'863 km^2 Wald liefern	Volumen	5.3×10^6 m^3 / a
	Masse	2.5 Mt / a ($\rho \approx 0.5$ kg / m^3)
	Brennwert	47'000 TJ.

Schweizerischer Endenergieverbrauch[1] 1994:   782'000 TJ,
entprechend einer *mittleren* Leistung von 25 GW
davon

Treibstoffe	253'000 TJ
Brennstoffe	228'000 TJ
Elektrizität	169'000 TJ
Erdgas	87'000 TJ
Sonstige	45'000 TJ.

Der Brennwert des erntbaren Holzes (ohne zusätzliche Massnahmen) entspricht ca. 20 % des Brennstoffverbrauches. In den Abschnitten 3.4 und 3.5 wird diskutiert, wie dieser Anteil gesteigert werden könnte.

Sollten andere Endenergieträger aus Holz bereitgestellt werden, so muss für die Umwandlung von Holz in flüssige Treibstoffe ein Umwandlungswirkungsgrad von (optimistisch) 80 % und für die Elektrizitätserzeugung ein Wirkungsgrad von 40 % berücksichtigt werden. Der Schweizer Wald könnte demnach ohne Zusatzmassnahmen einen Anteil von 4 % des gesamten Endenergieverbrauches decken.

Substitutionsszenario: Um den gesamten Endenergiebedarf der Schweiz aus Holz zu decken, beträgt der benötigte äquivalenter Brennwert ca. 1'100'000 TJ. Dies entspricht einem Flächenbedarf von 275'000 km^2 (6.6 × Bodenfläche Schweiz).

---

[1] Die Energiestatistik unterscheidet zwischen Primärenergie, der beim Verbraucher abgelieferten Endenergie und der wirksamen Nutzenergie (Wärme, Licht, mechanische Energie am Rad, Prozessenergie, Kommunikation).

Situation in Deutschland

Für die Bundesrepublik Deutschland wurden 1980 folgende Potentiale abgeschätzt:

Holz	10 - 15 Mt C / a
Überschuss-Stroh	5 - 10 Mt C / a
Hausmüll	5 Mt C / a
Tierexkremente	9 Mt C / a
davon nutzbar (25 - 50 %)	9 - 18 Mt C / a.

Das Gesamtpotential entspricht somit 3 - 7 % des Primärenergieverbrauchs in Deutschland 1981 (360 Mt SKE = 264 Mt C).

Szenario Energiepflanzen: Würde man den Zuckerrübenanbau verdoppeln und davon die Hälfte für Energiegewinnung einsetzen, so ergäbe das zusätzlich

$$27 \quad \text{Mt C / a.}$$

In diesem Szenario könnte die Biomasse 10 - 15 % zum Primärenergieverbrauch beitragen.

Gegenwärtiger Anteil der Biomasse an der Energieversorgung

Schweiz 1995: Anteil Holz am Primärenergieverbrauch 2.2 % .
Neben der Wasserkraft mit einem Anteil von ca. 13 % ist Holz die einzige erneuerbare Energie mit einem Anteil > 1 %.

USA 1990: Anteil der erneuerbaren Energien am Primärenergieverbrauch 8 %,

davon		
	Biomasse	49 %
	Hydroelektrizität	47 %
	Erdwärme	3 %
	Solarwärme	0.7 %
	Wind	0.3 %.

3.3 Landwirtschaftliche Produktion von Energieträgern

Grundsätzlich existieren mehrere Varianten [5]:

- intensive Landwirtschaft zur Produktion von Energiepflanzen

  Produktion von Ethanol durch Vergärung von

  Zuckerrohr
  Zuckerrüben
  Sorghum
  Mais
  Winterweizen

  (Nutzung der Abfälle zur Wärmeproduktion)

  Produktion von Biodiesel aus Ölsaaten

  Raps
  Euphorbia
  Sonnenblumen etc.

- Extensive Landwirtschaft bzw. Forstwirtschaft

  Chinaschilf (Miscanthus)
  Pappeln
  Buschwald (short rotation forestry)
  Gras (zur Produktion von Ethanol oder Wärme).

- Systematische Nutzung des forstwirtschaftlichen Potentials

- Nutzung von Abfall-Biomasse

  Altholz, Restholz, Holzabfälle
  Stroh, Abfälle der landwirtschaftlichen Produktion
  Abfälle der Nahrungsmittelverarbeitung
  Reststoffe der papierverarbeitenden Industrie
  bestimmte Hausmüllsortimente (z.B. Grüngut aus separater Sammlung)
  tierische Exkremente und Abfälle.

Bedarf für die Ernährung der Weltbevölkerung

Globale Landfläche:	150 Millionen km²
- Wälder	40 Millionen km²
- Grünflächen	70 Millionen km²
davon landwirtschaftlich genutzt	50 Millionen km².

Derzeit werden also pro Kopf der Weltbevölkerung im Durchschnitt 10'000 m² und 70 % der Grünflächen landwirtschaftlich genutzt. Die zur Deckung des Nahrungsmittelbedarfs erforderliche Energie entspricht 2 % des Brennwertes der jährlich nachwachsenden Biomasse.

Tierische Nahrung erfordert zu ihrer Produktion einen zehnmal höheren Energieeinsatz als pflanzliche Nahrung.

Steigerung der Produktivität landwirtschaftlich genutzter Flächen bedingt einen höheren Energieeinsatz für Bearbeitung, Bereitstellung von Düngemitteln etc. Das Verhältnis von Brennwert der Produkte zur eingesetzten Energie ist approximativ konstant. Intensive Landwirtschaft erfordert grosse Mengen von Wasser, welches den ersten limitierenden Faktor darstellen dürfte.

Aus den genannten Gründen scheint es wenig realistisch zu postulieren, dass in Zukunft ein signifikanter Teil des globalen Energiebedarfs durch intensive Landwirtschaft gedeckt werden könnte.

Extensive Forstwirtschaft (z.B. short rotation forestry) kann einen Beitrag liefern.

Die Nutzung von Abfall-Biomasse ist auf jeden Fall zu befürworten, da hier die Energieaufwendungen bei der Produktion ohnehin getätigt werden. In den folgenden Abschnitten sollen einige Methoden zur Nutzung von Abfallbiomasse kurz diskutiert werden.

3.4 Holzschnitzelfeuerung, Holzverbrennung

Während konventionelle Holzöfen und Kaminfeuerungen mit hohen Emissionen von Stickoxiden, Partikeln und organischen Verbindungen assoziiert sind, steht in der modernen Holzschnitzelfeuerung [6] eine Technologie zur emissionsarmen Nutzung des Rohstoffes Holz zur Verfügung.

In einer Studie des BUWAL [7] wurde eine globale Bilanz der Holzschnitzelfeuerung erstellt. Dabei wurde angenommen, dass 200'000 t Heizöl pro Jahr (entsprechend $\approx$ 1 % des schweizerischen Primärenenergieverbrauchs) durch die Verbrennung von 1 Mio. m^3 Brennholz in einer Schnitzelfeuerung ersetzt werden.

Die Verwendung der Holzschnitzelfeuerung würde den CO_2-Ausstoss der Schweiz um 680'000 t / a reduzieren. Verringert würden ausserdem die SO_2-Emissionen um global 1'300 Tonnen sowie die Schwermetallemissionen (Cadmium, Zink, Blei).

Erhöht werden durch den Einsatz der Schnitzelfeuerung die Emissionen von Partikeln und Staub um 580 t / a, diejenigen von CO um 3'200 t / a und diejenigen von Stickoxiden um global 640 t / a.

Die zugehörigen Anlagen (2200 Anlagen mit einer Nutzleistung 500 kW, gesamt $\approx$ 1 GW) für die Holzschnitzelfeuerung würden pro Jahr für Kapitalkosten, Betrieb und Unterhalt Mehrkosten von 90 % (90 Mio. Fr.) gegenüber den entsprechenden Kosten für Ölfeuerungsanlagen verursachen. Das Brennmaterial wäre bei einem Sägereirestholzanteil von $\approx$ 20 % um 60 % teurer als das Heizöl (40 Mio. Fr.). Durch die Umstellung würden netto (jedoch mit regionalen Verschiebungen) etwa 1000 neue Arbeitsplätze geschaffen.

Bei einer CO_2-Lenkungsabgabe von 100 Fr. / t CO_2 entspricht die Einsparung von 680'000 t / a einem Bonus von 68 Mio. Fr., beim Höchstsatz von 210 Fr. / t CO_2 einem Bonus von 143 Mio. Fr.

Diese Überlegungen ergeben sowohl hinsichtlich der Emissionen als auch der Kosten ein differenziertes Bild.

Im Jahr 1995 wurde in Affoltern am Albis eine Holzschnitzelfeuerungs-
anlage mit einer Leistung von 6.6 MW in Betrieb genommen. Mit einem
Wärmeproduktionspreis von 7.5 Rp / kWh ergab sich eine signifikante
Verbesserung gegenüber früher realisierten Werten (12 - 20 Rp / kWh).

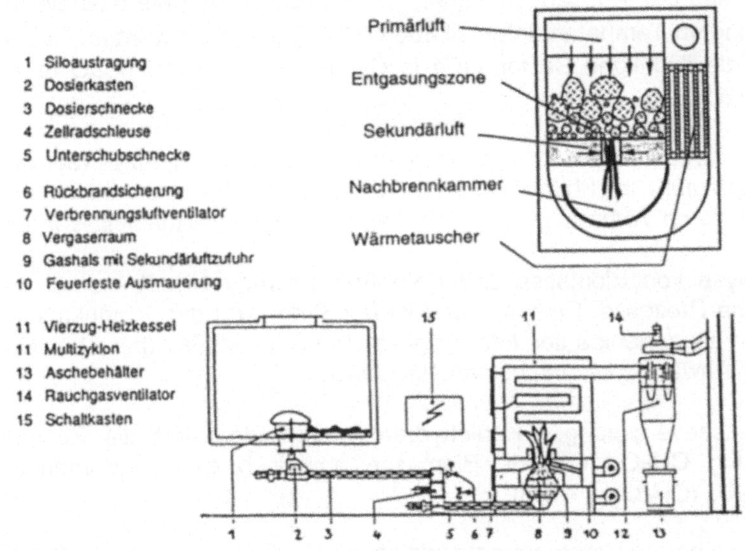

Abb. 3.3   Prinzipschema einer Holzschnitzelfeuerung.

3.5 Holzvergasung

Die Holzvergasung zur Gewinnung eines brennfähigen Gasgemisches
(mit den Hauptbestandteilen CO, CO_2 und H_2) ist eine alte Technik [8-10].

Pyrolyse: Erhitzt man organische Verbindungen / Materialien unter Luft-
ausschluss oder im Inertgasstrom auf Temperaturen bis 600 °C, so werden sie in kleinere, zum Teil flüchtige Moleküle und Holzkohle zerlegt. Der
relative Anteil von festen, flüssigen und gasförmigen Pyrolyseprodukten
hängt von der Temperatur und von der Aufheizrate ab. Die Pyrolyse ist
endotherm, die Summe der Brennwerte der Produkte ist höher als diejenige des Ausgangsmaterials.

Vergasung: Organische Materialien (z.B. Holz) werden in einem Strom aus Sauerstoff, Luft und/oder Dampf bzw. CO_2 erhitzt, jedoch nur partiell verbrannt. Der Prozess verläuft exotherm bzw. autotherm, d.h. die für die Zerlegung notwendige Energie stammt aus der partiellen Oxidation. Gedanklich kann der Prozess in einen Pyrolyseschritt während des Aufwärmens des Ausgangsmaterials bis ca. 600 °C und die eigentliche Vergasung im Temperaturintervall 600 - 900 °C aufgeteilt werden. Dabei werden die flüchtigen Bestandteile in C_1 - Einheiten, nämlich CO und CO_2, zerlegt.

Kohlevergasung mit Dampf: Umwandlung zu CO + H_2 bzw. (bei weiterer Dampfzufuhr im Shiftreaktor) zu CO_2 + 2 H_2. Die erforderliche Energie muss durch Verbrennung eines Teiles der Kohle bereitgestellt werden.

Pyrolyse von Biomasse und Dampfreformierung von Kohle sind endotherme Prozesse. Entsprechend ist der Brennwert des Produktgases geringer als derjenige des total eingesetzten Brennstoffes (bzw. bei vollständiger Abwärmenutzung bestenfalls gleich).

Biomassevergasung: Kohlehydrate haben idealisiert die Zusammensetzung CH_2O, trockene Biomasse empirisch die Zusammensetzung $C_6H_9O_4$ (CH_xO_y, x ≈ 1.3).

Die exotherme Verbrennungsreaktion mit O_2 liefert CO_2 und H_2O gemäss der idealisierten Gleichung

$$C_6H_9O_4 + 6.25\ O_2 \Rightarrow\ 6\ CO_2 + 4.5\ H_2O. \tag{3.1}$$
$$\Delta H°_{298} = -\ 2'061.9\ kJ/mol.$$

Die endotherme Vergasung mit H_2O entspricht der Gleichung

$$C_6H_9O_4 + 2\ H_2O\ \Rightarrow\ 6.5\ H_2 + 6\ CO. \tag{3.2}$$
$$\Delta H°_{298} = +\ 1'207.4\ kJ/mol.$$

Durch die Shiftreaktion

$$CO + H_2O\ \Rightarrow\ H_2 + CO_2 \tag{3.3}$$
$$\Delta H°_{298} =\ \ -\ 40.8\ kJ/mol.$$

kann die Ausbeute an Wasserstoff erhöht werden.

Eine vierte Reaktion ist die Oxidation von CO,

$$CO + 0.5\,O_2 \quad\Rightarrow\quad CO_2 \tag{3.4}$$

$$\Delta H^\circ_{298} = \;-282.8\ \text{kJ/mol.}$$

Schliesslich sind die Kohlenoxide und C(s) durch die Boudouard-Reaktion verknüpft,

$$2\,CO \quad\Rightarrow\quad C + CO_2 \tag{3.5}$$

$$\Delta H^\circ_{298} = \;-172.2\ \text{kJ/mol.}$$

Die Wärmebilanz kann durch die relative Gewichtung der Reaktionen (3.1) und (3.2) beeinflusst werden. Das Produktgas hat dann den maximalen theoretisch erzielbaren Brennwert, wenn der Vergaser keine Abwärme produziert ($\Delta H \approx 0$, autotherme Verfahrensweise).

In der Realität ist die Vergasung unvollständig: Es entstehen gasförmige Nebenprodukte, aber auch schwerflüchtige Abscheidungen wie Teere und nicht umgesetzte Holzkohle. Verhinderung der Teerbildung und Maximierung des Kohlenstoffumsatzes sind Ziele einer energetisch effizienten Vergasung. Gasförmige Verunreinigungen sind dann weniger gravierend, wenn das Produktgas verbrannt wird (z.B. in einem Motor).

Im folgenden Abschnitt wird die Nutzung des produzierten Synthesegases für die Herstellung von Methanol analysiert. Für den Einsatz in der katalytischen Methanolsynthese ist die Reinheit des Synthesegases von entscheidender Bedeutung.

Die nachfolgend gezeigte Versuchsanlage wurde konzipiert, um den Einfluss der Vergasungsparameter einerseits und von Verunreinigungen in der verwendeten Abfallbiomasse andererseits auf die Kinetik des Vergasungsprozesses und auf die Entstehung von Nebenprodukten zu studieren.

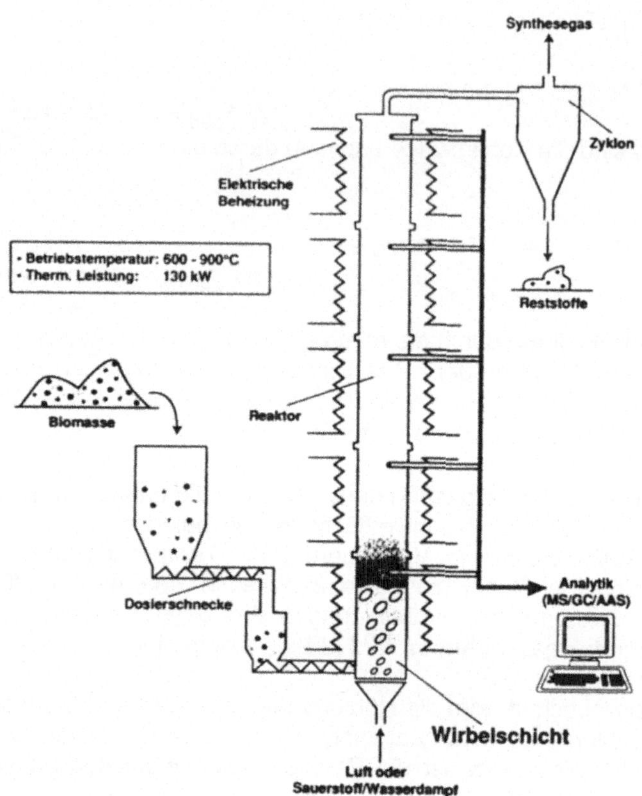

Abb. 3.4 Schema einer Anlage für die Vergasung von Holzabfällen.

3.6 Biotreibstoffe

Treibstoffe aus Biomasse können in folgende Gruppen eingeteilt werden:

- Ethanol
- Methanol
  - Methyl-tertiär-butyl-ether
    (MTBE, CH_3-O-t-C_4H_9)
  - Dimethylether (CH_3-O-CH_3)
  - Methylal (Dimethoxymethylen, CH_2-$(OCH_3)_2$)
- Pflanzenöle,
  z.B. Rapsöl
  - Rapsölmethylester (RME)
- Methan   aus Vergärung von biogenen Abfällen (Kompogas).

Die erste Klasse umfasst einfache Alkohole und ihre Derivate. Die zweite Klasse startet von pflanzlichen Ölen (z.B. Rapsöl, Sonnenblumenöl). In natürlichen Fetten und Ölen sind langkettige Fettsäuren mit Glycerin verestert (Triglyceride). Durch Reaktion mit Methanol (Umesterung) entstehen daraus die Methylester (z.B. RME).

Bei der Bewertung von Biotreibstoffen sind mehrere Faktoren zu berücksichtigen:

- Energiebilanz der Produktion, Energie-Erntefaktor
- Produktionskosten
- Emissionen bei der Produktion
- Emissionen beim Einsatz im Fahrzeug
- Lebenszyklusanalyse, Bilanz der Emissionen.

Schliesslich kann das Thema 'Biotreibstoffe' nur im Gesamtkontext des Themas 'Nachhaltige Mobilität' diskutiert werden. Relevant sind

- die globale Entwicklung der Transportnachfrage
- Massnahmen zur Beeinflussung der Nachfrage
- der Modalsplit (Anteile von Schiff, Bahn, Bus, Personen-/ Lastwagen, Flugzeug)
- Effizienzsteigerung bei konventionellen Antriebstechnologien
  (z.B. Verbrauch von 3 Liter / 100 km für PW)
- alternative Antriebskonzepte
  (Erdgasfahrzeuge, LPG, Elektrofahrzeuge, Brennstoffzellenfahrzeuge).

Emissionen beim Einsatz im Fahrzeug

Sauerstoffhaltige Brennstoffe ('Oxygenates') enthalten einen Teil des Oxidans bereits im Molekül gebunden und verbrennen deshalb tendenziell 'sauberer' und bei potentiell niedrigeren Temperaturen als Kohlenwasserstoffe (Erdölderivate). Stickoxidemissionen und Russbildung sind deshalb generell niedriger als bei konventionellen Treibstoffen.

Die unvollständige Oxidation eines Alkohols führt zu unerwünschter Aldehydbildung.

Alkohole (z.B. Ethanol: 12 °C) besitzen einen höheren Flammpunkt als Benzin (-20 °C). Aus diesem Grund ist

– die Explosionsgefahr geringer als bei Benzin

– die Klopffestigkeit höher als diejenige von Benzin.

Alkohole eignen sich deshalb besonders für den Einsatz in Ottomotoren (spark ignition engines, SI) und ermöglichen eine höhere Verdichtung, damit potentielle Wirkungsgradsteigerung. Im sog. 'reformulierten Benzin' wird MTBE standardmässig verwendet, um die Klopffestigkeit zu erhöhen. Methanol und Ethanol können dem Benzin in Anteilen bis 10 % zugesetzt werden, ohne dass motorische Modifikationen notwendig wären. Solche Treibstoffgemische werden als M3, M5, M10, E5, E10, M3E3 etc. bezeichnet. (M steht für Methanol, E für Ethanol und die Zahl für deren prozentuale Anteile im Gemisch.)

Dimethylether (bei Normalbedingungen ein Gas, Verflüssigungsdruck 5 bar) weist im Gegensatz dazu eine hohe Cetanzahl auf und eignet sich deshalb für den Einsatz in Dieselmotoren (compression ignition engines, CI).

Die Wirkung eines Zusatzes sauerstoffhaltiger Verbindungen auf die Rohemissionen eines Ottomotors (vor dem Katalysator) sind in einer Studie dokumentiert, die 1991 im Auftrag der französischen Regierung durchgeführt wurde [11].

Tab. 3.1 Relative Änderung der Emissionen eines Ottomotors beim Zusatz von Biotreibstoffen (nach Ref. [11,12])

	Methanol 3 %	'Bioalkohol' 5 %	'Bioalkohol' 100 %	MTBE 10 %
CO		- 15 %	-70 bis +15 %	- 10 %
Kohlenwasserstoffe	+ 5 %	+ 4 %	-60 bis -10 %	+ 4 %
NO_x	+ 6 %	+ 6 %	-70 bis -10 %	+ 5 %
Formaldehyd	+ 9 %	+ 3 %	-70 bis	+ 17 %
Acetaldehyd	+ 5 %	+ 90 %	+10 %	- 6 %
Acrolein	+ 18 %	+ 16 %		+ 13 %
Alkohole	+ 450 %	+ 1000 %		+ 30 %
Säuren	+ 175 %	+ 30 %		+ 25 %

Im Gegensatz zu den untersuchten Gemischen ist bei der Verbrennung
von reinem Methanol (M100) bzw. von reinem Ethanol der Stickoxidaus-
stoss deutlich geringer als bei Benzin.

Rapsöl und RME enthalten - entsprechend der Molekülstruktur - einen
deutlich geringeren Sauerstoffanteil. Die Stickoxidemissionen sind tendenziell höher als diejenigen von Diesel, wie die folgende Tabelle zeigt.

Tab. 3.2 Relative Änderung der Emissionen eines Dieselmotors beim Verwendung
von Rapsmethylester (nach Ref. [11,13])

	Relative Differenz der Emissionen (RME - Diesel)
CO	+ 4 bis + 13 %
Kohlenwasserstoffe	- 46 bis + 6 %
Polyzyklische Aromaten	- 30 %
NO_x	+ 3 bis + 8 %
Formaldehyd	± 0 %
Acetaldehyd	- 36 %
Propionaldehyd	- 31 %
Acrolein	+ 183 %
Partikel	- 38 %

Vergleichende Bewertung nach verschiedenen Kriterien

Der Sauerstoffgehalt bewirkt einen geringeren Brennwert pro kg. In Methanol (CH_3OH) beträgt der Anteil der Sauerstoffs die Hälfte der Molmasse; der Brennwert ist in guter Näherung halb so gross wie derjenige von Benzin. Bei Dimethylether (CH_3OCH_3) ist der Sauerstoffanteil 35 %, der Brennwert etwa 2/3 desjenigen von Benzin.

Tab. 3.3 Qualitativer Vergleich der Performance von Diesel, CNG, Methanol und Dimethylether DME (nach Ref. [14])

	DME	Diesel	Erdgas (CNG)	Methanol (aus Erdgas)
Energetischer Wirkungsgrad (% 'well to wheel') Leicht- / Schwerfahrzeuge	19 / 22	26 / 30	17 / 22	12 / 20
Tankgrösse für gleiche Energie (relativ zu Diesel)	≈ 2	1	8	≈ 2.5
Emissionen (g / Meile für Testfahrzeug) NO_x	0.2	0.9	0.2	0.1 - 0.2
Russ	≈ 0	0.6	0.2	≈ 0
HC / CO	< 0.1	0.35	1.3	0.1 - 0.3
Aldehyde (qualitativ)[a]	1	2	1	3
Treibstoffkosten[b] für gleiche Energie (relativ zu Diesel)	1.35 - 2.0 (Prognose)	1.0	1.0 - 1.3	1.0 - 1.8

[a] Legende: 1 = bester Wert 2 = guter Wert 3 = weniger befriedigend
[b] Schätzwerte, abhängig von Marktvolumen und Besteuerung

Die Bilanzierung von Biotreibstoffen soll konkret am Beispiel von Rapsmethylester (RME) und Methanol illustriert werden.

Die Energiebilanz von RME zeigt, dass die gebundene Sonnenenergie das 5-fache der in Landwirtschaft und Verarbeitung eingesetzten Energie beträgt. Von diesen total 6 Teilen finden sich 1.4 Teile im Produkt RME, 2.7 Teile im Rapsstroh, 0.9 Teile im Rapsschrot, 1.1 Teile sind Verluste.

Der Erntefaktor im Treibstoff relativ zur eingesetzten hochwertigen Prozessenergie beträgt also nur 1.4. Für eine effiziente Substitution der Mineralölimporte ist der Rapsanbau schon aus diesem Grund ungeeignet. Dazu kommen das beschränkte Potential aufgrund limitierter Anbauflächen und ökologische Bedenken hinsichtlich des Nährstoffverbrauchs. Rapsstroh kann energetisch wie Abfall-Biomasse bewertet werden.

Rapsschrot ist ein proteinreiches Futtermittel und wird nicht energetisch genutzt. Der Verkauf von Rapsschrot kann, zusammen mit der Subventionierung, den Anbau von Raps für den Landwirt attraktiv machen.

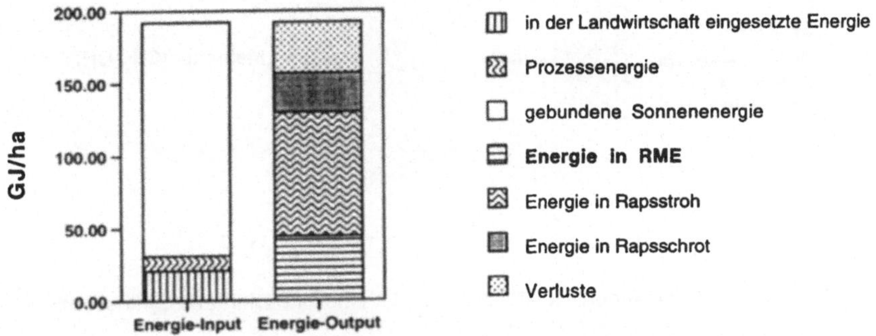

Abb. 3.5 Energiebilanz der Herstellung von Raps-Methylester.

Die Methanolsynthese ausgehend von Synthesegas (CO, CO_2 und H_2) ist ein industriell ausgereiftes Verfahren. Um Methanol aus Biomasse herzustellen, wird der gereinigte Produktfluss einer Biomasse-Vergasungsanlage als Rohstoff für die Synthese verwendet.

DME entsteht aus Methanol durch Dehydratisierung (Abspaltung eines Wassermoloküls) gemäss der Gleichung

$$2\,CH_3OH \;\Rightarrow\; CH_3OCH_3 + H_2O. \tag{3.6}$$

Konventionell wurde die Wasserabspaltung in einem zweiten Reaktionsschritt durchgeführt. Neuere Verfahren produzieren Methanol und DME in demselben Katalysatorbett.

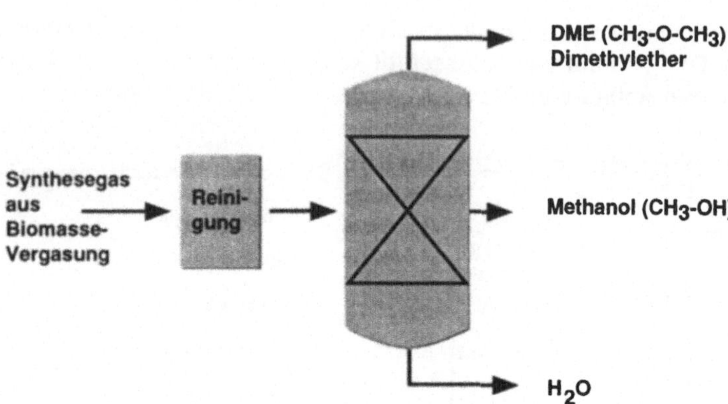

Abb. 3.6 Prinzipschema für die Herstellung von Methanol und DME aus Synthesegas.

Die folgende Energiebilanz für Methanol geht von der Annahme aus, dass ausschliesslich Abfallbiomasse (Bauholz, Altholz, Restholz, Holzabfälle) verwendet wird, die ohnehin entsorgt bzw. verbrannt werden müsste. Weiter wird angenommen, dass die Transportwege gleich kurz gehalten werden wie bei der Entsorgung (Dichte der Anlagen vergleichbar mit derjenigen von KVA).

Die konzipierte Anlage produziert Methanol und als Nebenprodukt der Vergasung Wärme (für ein Heizungsnetz) und Strom.

Energiebilanz		*Materialbilanz*	
Heizwert des Abfalls	100 %	Abfallbiomasse	100 %
Methanol	31 %	Sauerstoffzufuhr	37 %
Strom	9 %	Methanol	25 %
nutzbare Wärme	37 %	feste Rückstände	12 %
Abwärme	23 %	Brenngas und Abwasser	100 %

Eine Analyse zeigt, dass bei optimaler Führung der Vergasung (mit Sauerstoff und Dampf) ein Gemisch entsteht, das ein atomares Verhältnis der Elemente C und H wie 1 : 1.3 enthält. Im erwünschten Produkt Methanol beträgt dieses Verhältnis jedoch 4.

Wenn aus regenerativen Energiequellen zusätzlicher Wasserstoff verfügbar gemacht werden kann (z.B. aus Hydroelektrizität, zukünftig aus solarer Elektrizität, Solarchemie), kann dieser in die Methanolproduktionsanlage eingespeist werden. Damit verdreifacht sich die produzierbare

Methanolmenge auf 750 kg pro Tonne trockener Biomasse. Aufgrund des um 50 % niedrigeren Heizwertes entspricht dies etwa 375 kg Benzin (Faktor 3/8 von Biomasse auf Masse Erdöläquivalente).

Für die folgende Potentialabschätzung wurde angenommen, dass das gesamte in der Schweiz verfügbare Potential an holzartiger Abfall-biomasse (inkl. nicht mehr rezyklierfähigem Papier) für diesen Prozess eingesetzt wird. Es ergibt sich ein Grenzpotential, das es ermöglichen würde, 1/3 des schweizerischen Treibstoffverbrauchs durch Methanol aus erneuerbaren Energien (Biomasse und Wasserstoff) zu decken. Da es heute technisch durchaus möglich wäre, den spezifischen Treibstoff-verbrauch von gegenwärtig 8 - 9 Liter / 100 km auf 3 Liter / 100 km zu senken, könnte bei Verwirklichung der Szenarioannahmen, verbunden mit der genannten Effizienzsteigerung, der gesamte Treibstoffverbrauch der Schweiz aus dieser Quelle gedeckt werden.

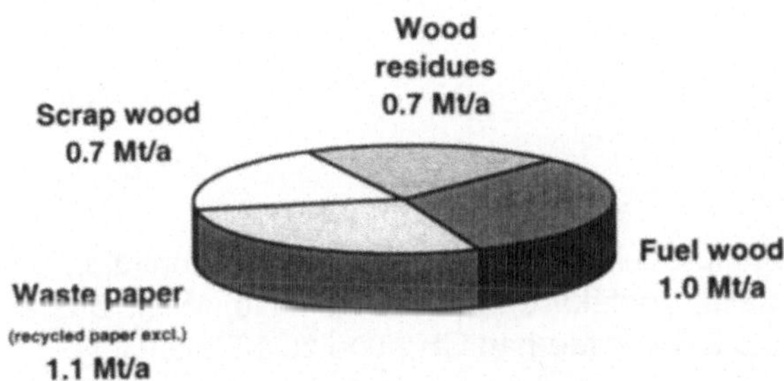

Abb. 3.7 Biomassepotential für die Herstellung von Methanol durch Altholzvergasung (Beispiel: Schweiz 1994). Der verfügbare Rohstoff von 3.5 Mt/a ermöglicht die Produktion von 0.9 Mt/a Methanol; dies entspricht dem Brennwert von 0.45 Mt Benzin. Der Treibstoffverbrauch der Schweiz 1994 betrug 3.7 Mt/a Benzin.

Ein Preisvergleich zwischen RME und Methanol illustriert den Einfluss verschiedener Annahmen über die Herkunft des Holz-Rohstoffes sowie den Anteil der Besteuerung. Hier bestehen Möglichkeiten für die Förde-rung der Markteinführung von Treibstoffen aus einheimischen nachwach-senden Rohstoffen.

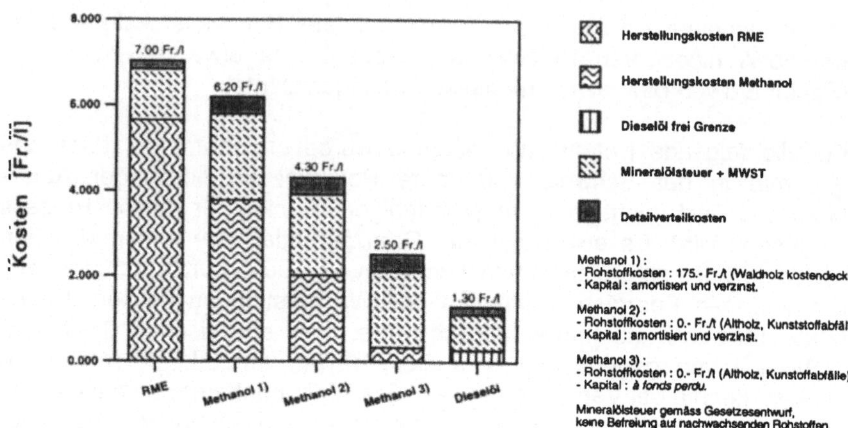

Abb. 3.8 Kosten von Treibstoffen aus erneuerbaren Energieträgern (verschiedene Szenarien).

3.7 Biogas

Prinzip der Biogasproduktion ist die anärobe Fermentation feuchter Biomasse (Grünabfälle, Tierfäkalien, Schlachtabfälle, Müll). Das entstehende Biogas besteht zu 2/3 aus Methan CH_4 und zu 1/3 aus CO_2.

Biogas besitzt einen Brennwert von ca. 6.5 kWh / m^3, also 23 MJ / m^3. Die Exkremente eines Rindes entsprechen einer mittleren Biogas-Leistung von ca. 0.5 kW. In diesem Zusammenhang muss allerdings nochmals auf die Problematik des Energiebedarfs bei Tierhaltung für die Fleischproduktion hingewiesen werden.

Aufgrund der hohen Energieaufwendungen für den Bau von Biogasanlagen liegt der Energie-Erntefaktor zwischen 2 und 4.

Aus einer Abschätzung der in Kompostieranlagen verwertbaren Abfälle ergibt sich (für das Beispiel Deutschland) ein beträchtliches theoretisches Substitutionspotential in Höhe von 1 % des Primärenergieverbrauchs bzw. einigen Prozent des Erdgasverbrauches.

Einzelne Biogasanlagen mit typischen Leistungen von 1 MW sind in vielen europäischen Ländern in Betrieb.

3.8 Biologische Wasserstoffproduktion

Das Konzept der biologischen / biochemischen Sonnenenergiespeicherung besteht darin, die photosynthetische Aktivität von Mikroorganismen (z.B. Bakterien, Algen) zu nutzen und ggf. zu modifizieren. Z.B. könnte durch eine mit Sonnenlicht bestrahlte Algenkultur Wasserstoff produziert werden. Das Grundprinzip der Photosynthese und der photobiologischen Wasserstoffproduktion werden im Abschnitt 4.6 (Photochemie) diskutiert.

Literatur

[1]   Kitani, O., Hall C.W.: Biomass Handbook. New York: Gordon and
       Breach 1989

[2]   Grassi,G., Collina, A., Zibetta, H. (eds.): Biomass for Energy,
       Industry and Environment. Amsterdam: Elsevier 1992

[3]   Chartier, P., (ed.): Biomass for Energy and the Environment.
       Proc. 9th European Bioenergy Conference, Copenhagen 1996.
       Oxford: Pergamon 1996

[4]   Kopetz, H. (ed.): Biomass for Energy and Industry.
       Proc. 10th European Conference and Technology Exhibition,
       Würzburg. Rimpar: CARMEN 1998

[5]   Overend, R.P., Chornet E. (eds.): Making a Business from Biomass
       in Energy, Environment, Chemicals, Fibers and Materials.
       Proc. 3rd Biomass Conference of the Americas, Montreal.
       Oxford: Pergamon 1997

[6]   Nussbaumer, Th. (ed.): Innovation bei Holzfeuerungen und
       Wärmekraftkopplung. Proc. 5. Holzenergie-Symposium, ETH Zürich.
       Bern: Bundesamt für Energie 1998

[7]   Bundesamt für Umwelt, Wald und Landschaft (BUWAL),
      Schweizerische Vereinigung für Holzenergie (VHe): Energie aus
      Heizöl oder aus Holz: automatische Holzschnitzel- und Ölfeuerungen
      im Vergleich. Bern: BUWAL 1991

[8]   Reed, T.B. (ed.): Biomass Gasification: Principles and Technology.
      Park Ridge: Noyes Data Corporation 1994

[9]   Bridgwater, A.V. (ed.): Advances in Thermochemical Biomass
      Conversion. Proc. International Conference on Advances in
      Thermochemical Biomass Conversion, Interlaken, 1992.
      Glasgow: Blackie 1994

[10] Bridgwater, A.V., Boocock, D.G.B.: Developments in
      Thermochemical Biomass Conversion.
      Proc. IEA Conference, Banff 1996. Glasgow: Blackie 1996

[11] European Commission, Directorate-General XII: Biofuels.
      Report EUR 15647 EN. Brussels: EC 1994

[12] Syassen, O.: Chancen und Problematik nachwachsender Kraftstoffe.
      Motortechnische Zeitschrift 53 (1992) 510-517

[13] Sagerer, R.: Einsatz regenerativer Brennstoffe im Motor.
      Motortechnische Zeitschrift 57 (1996) 628-634

[14] Verbeek, R., Van der Weide, J.: Global Assessment of
      Dimethyl-Ether: Comparison with Other Fuels.
      SAE Technical Paper 971607. Warrendale: SAE 1997

4 Sonnenenergie

4.1 Sonnenkollektoren

Einteilungen:

- nichtkonzentrierende und konzentrierende Kollektoren
- Absorber, Flachkollektoren, evakuierte Kollektoren
- Nieder-, Mittel- und Hochtemperaturkollektoren.

Ein *Absorber* ist ein Flachkollektor ohne Abdeckung und Wärmedämmung. Er nutzt jede Art von Umgebungswärme.
Beispiel: Bleche aus Kupfer oder Matten aus Kunststoff mit Wärmeträgerrohren auf der Rückseite.
Anwendung: Wassererwärmung für Schwimmbäder.

Ein *Flachkollektor* besteht aus transparenter Abdeckung, Absorber, Wärmeträgerrohren, Reflektorschicht, Wärmedämmung und Gehäuse.

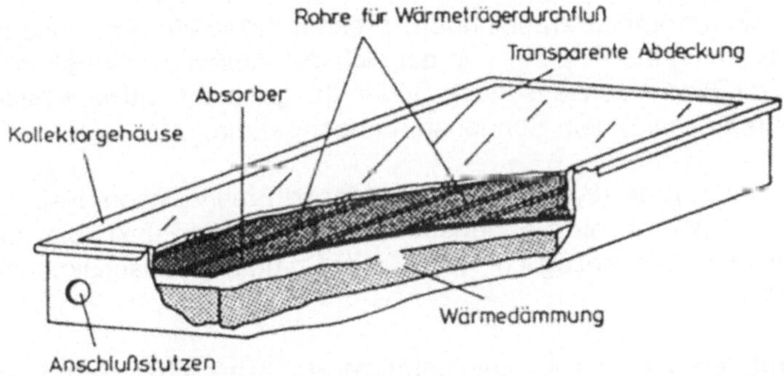

Abb. 4.1 Schematischer Aufbau eines Flachkollektors (aus Ref. [1])

Bei einem Vakuumkollektor ist der Raum zwischen Abdeckung und Absorber evakuiert, um Wärmeverluste durch Konvektion zu vermeiden. Eine effiziente Anordnung sind Vakuum-Röhrenkollektoren: Die Absorberplatte befindet sich in einer evakuierten Glasröhre, an der Unterseite des Absorbers ist das Rohr für den Durchfluss des Wärmeträgermediums angelötet.

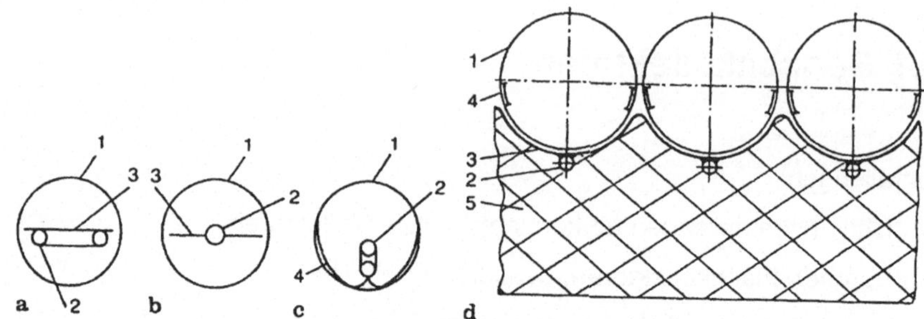

Abb. 4.2 Konstruktionsvarianten von Vakuum-Röhrenkollektoren (aus Ref. [1]).

Flachkollektoren und Vakuum-Röhrenkollektoren werden i.a. der Sonnenposition nicht nachgeführt. Über die Durchlässigkeit der transparenten Abdeckung und die Absorptionseffizienz als Funktion des Einfallswinkels existiert eine umfassende Literatur.

In konzentrierenden Kollektoren wird die auf die Aperturfläche A_a einfallende Strahlung auf eine kleinere Absorberfläche A_{abs} konzentriert.

Linienkonzentratoren (Parabolrinnen, Fresnel-Zylinderlinsen) bündeln die Sonnenstrahlung auf eine Linie, in der sich das Absorberrohr befindet. Die Normale zur Rinnenachse ist nach Süden ausgerichtet und wird bezüglich der Höhe (einachsig) dem Sonnenstand nachgeführt.

Punktkonzentratoren (Paraboloide, sphärische Fresnellinsen, Heliostatenfelder) konzentrieren die Sonnenstrahlung auf einen Punkt. Sie müssen der Sonnenposition bezüglich Höhe und Azimuth (zweiachsig) nachgeführt werden.

Konzentratoren zweiter Art (nichtabbildende Konzentratoren) bewirken keine Abbildung, sondern stellen sicher, dass alle einfallenden Strahlen innerhalb eines bestimmten Bereichs von Eintrittswinkeln auf die Absorberfläche gelenkt werden. Dazu gehört der zusammengesetzte Parabolkonzentrator (Compound Parabolic Concentrator, CPC). Eine periodische Regelung der Orientierung ist nicht notwendig. Bei Kollektoren genügt oft eine Ausrichtung des Neigungswinkels einmal pro Saison.

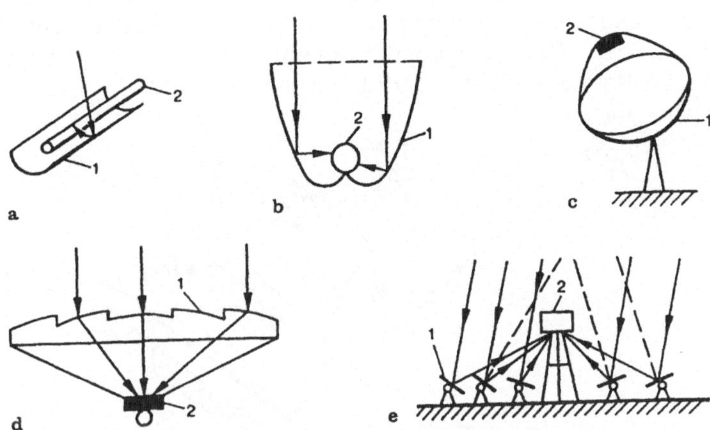

Abb. 4.3 Einige Möglichkeiten zur Konzentration von Solarstrahlung (aus Ref. [1]).
a: parabolische Rinne; b: convolute parabolic concentrator (CPC);
c: zweiachsig nachgeführter Parabolspiegel; d: Fresnel-Linse;
e: Spiegelfeld aus konzentrierender Heliostaten.
1 bezeichnet das konzentrierende optische Element, 2 den Absorber.

Nichtabbildende Konzentratoren können auch diffuse und reflektierte Strahlung sammeln. Eine wichtige Anwendung in der Hochtemperatur-Solartechnik besteht darin, das Konzentrationsverhältnis $C = A_{abs} / A_a$ einer imperfekten primären Abbildung zu verbessern.

Die Art des Konzentrators bestimmt das maximale Konzontrationsverhältnis und damit die höchste erreichbare Temperatur im Absorber.

Tab. 4.1 Anhaltswerte für die maximal erreichbaren Konzentrationen

	Punktkonzentrator		*Linienkonzentrator*
Paraboloidspiegel	C < 8000	parabolischer Zylinderspiegel	C < 100
Fresnel-Linse	C < 5000	Kreis-zylinderspiegel	C < 40
konischer Spiegel	C < 1500	zylindrische Fresnellinse	C < 40
sphärischer Spiegel	C < 1200		*nichtabbildender Konzentrator*
		convolute parabolic concentrator	C < 15

Der Wirkungsgrad eines Sonnenkollektors hängt von den optischen Parametern, den Wärmeübergangszahlen und den Betriebsparametern (Massenstrom des Wärmeübertragungsmediums) ab.

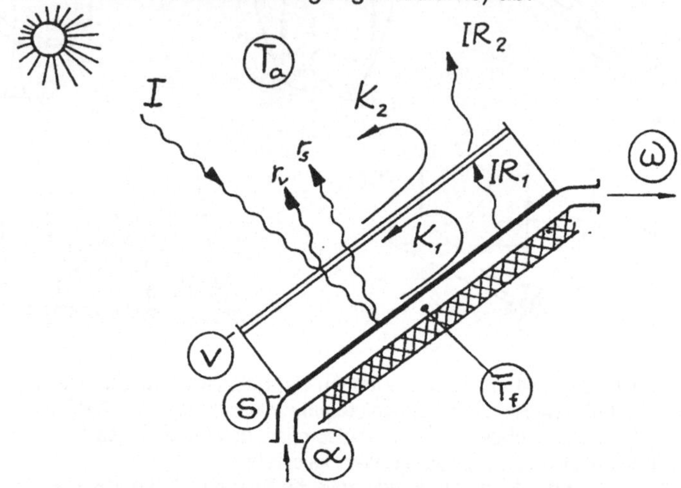

Abb. 4.4 Energieflussdiagramm zur Berechnung des Wirkungsgrades eines Sonnenkollektors (nach P. Suter, ETHZ).
V: Verglasung; S: Substrat mit Fläche A; I: Sonnenintensität.
r_v, r_s: Reflektivität von Verglasung bzw. Substrat.
T_α, T_f, T_ω: Temperatur des wärmeübertragenden Fluidums am Eintritt, im Mittelwert bzw. am Austritt.

Eine einfache Energiebilanz ergibt für den Wirkungsgrad

$$\eta = \frac{(1-r_v)(1-r_s)\,A\,I - \left[k_{isol}\,(\overline{T}_s - T_a) + (\alpha_{\text{Wärmeleitung}} + \alpha_{\text{Wärmestrahlung}})\,(\overline{T}_s - T_v) \right] A}{A\,I}$$

$$(4.1)$$

Hier bedeuten k_{isol} den k-Wert der wärmedämmenden Isolation des Substrates gegen die Umgebung, $\alpha_{\text{Wärmeleitung}}$ und $\alpha_{\text{Wärmestrahlung}}$ die entsprechenden Wärmeübergangskoeffizieten vom Substrat zur Verglasung.

Eliminiert man die Temperatur der Verglasung durch Aufstellen einer Energiebilanz der Scheibe, so erhält man

$$\eta = \eta_0 - b_0 \frac{(\overline{T}_s - T_a)}{I} \; . \tag{4.2}$$

Die Substrattemperatur bestimmt über den Wärmewiderstand die mittlere Fluidtemperatur, so dass gilt

$$\eta = \eta_1 - b_1 \frac{(\overline{T}_f - T_a)}{I} \; . \tag{4.3}$$

Die Differenzen (mittlere Fluidtemperatur - Eintrittstemperatur) und (Austrittstemperatur - Eintrittstemperatur) sind proportional zueinander,

$$\xi (T_\omega - T_\alpha) = (\overline{T}_f - T_\alpha) \; . \tag{4.4}$$

Damit ergibt sich nach Umformung

$$\eta = \eta_1 - b_1 \frac{(T_\alpha - T_a)}{I} - b_1 \xi \frac{(T_\omega - T_\alpha)}{I} \; . \tag{4.5}$$

Andererseits ist die Temperaturdifferenz gegeben durch den zur Erwärmung der durchströmenden Masse notwendigen Wärmefluss,

$$m \dot{c}_p (T_\omega - T_\alpha) = \eta \, A I \; . \tag{4.6}$$

Die Gleichungen (4.5) und (4.6) stellen beide Geraden dar, wenn man η gegen $T_\omega - T_\alpha$ aufträgt. Der Schnittpunkt dieser Geraden ergibt den Arbeitspunkt des Sonnenkollektors.

Kennlinien und Leistung pro Fläche

Gemäss Gleichung (4.4) nimmt der Wirkungsgrad mit dem Verhältnis von $\Delta T / I$ ab. Experimentell hat der Absolutwert der Einstrahlungsstärke I (in den Abbildungen mit G bezeichnet) einen grossen Einfluss, so dass man diese Grösse als zusätzlichen Parameter verwenden kann.

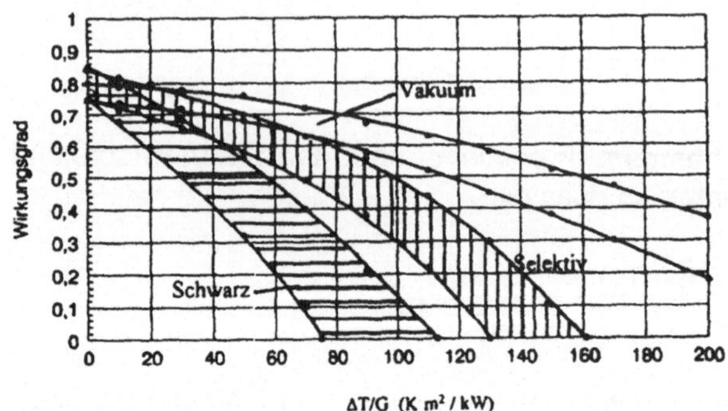

Abb. 4.5 Wirkungsgrad von Vakuumkollektoren und von Flachkollektoren mit schwarzem bzw. selektivem Absorber (aus Ref. [2]).

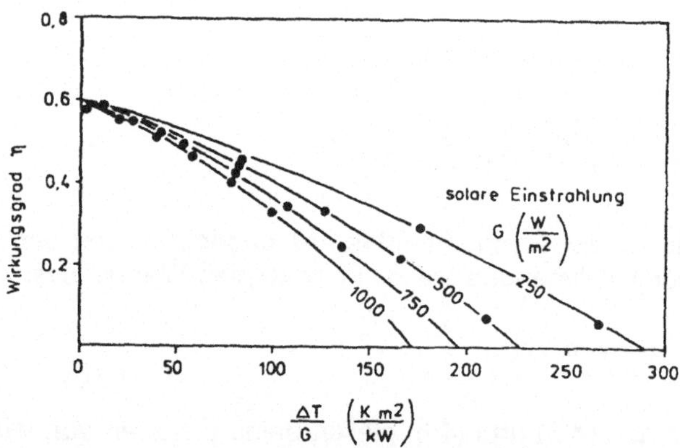

Abb. 4.6 Wirkungsgrad von Vakuumkollektoren für verschiedene Einstrahlungsstärken (aus Ref. [2]).

Der Jahreswirkungsgrad eines Sonnenkollektors hängt stark von den Parametern η_i und b_i ab. η_o wird durch den Transmissionsgrad der Verglasung und die Absorptivität des Absorbers, b_o durch die Verlustkoeffizienten bestimmt. Die Auslegung und damit die Parameterwerte hängen von der Anwendung ab (Ganzjahresbetrieb oder saisonaler Betrieb, Heizung, Warmwasser, Schwimmbadheizung etc.). In Abhängigkeit davon variieren die Ganzjahreswirkungsgrade stark mit typischen Werten von < 40 % bis > 50 %. Bei einer Jahreseinstrahlung von $\approx$ 1000 kWh / m^2 erntet ein Sonnenkollektor also typisch 500 kWh pro m^2 installierter Fläche.

Installierte Leistung an Sonnenkollektoren:

Schweiz: Ziele des Programms 'Energie 2000':
Anteil der erneuerbaren Energien

am Wärmebedarf   1990: 5 %   2000:   8 %
                      Steigerung um 3 %, davon
                      52 % Biomasse, 40 % Wärmepumpen, 8 % Sonne.

am Elektrizitätsbedarf 1990: 0.9 % (hauptsächlich KVA)   2000: 1.5 %
                      Steigerung: um 0.5 %, davon 84 % Biomasse.

Um das Ziel des Programmes 'Energie 2000' zu erreichen, müssten im Jahr 2000 1.5 Mio. m^2 an Sonnenkollektorfläche installiert sein. Bei einem Jahresertrag von 500 kWh / m^2 entspräche dies 750 GWh / a oder einer mittleren Leistung von 0.1 GW.

1995 waren ca. 500'000 m^2 realisiert, das Verkaufsvolumen betrug 45'000 m^2 / Jahr mit steigender Tendenz.

4.2 Solarthermische Kraftwerke

Prinzip der solarthermischen Stromgeneration [3, 4]:

- Erzeugung von Dampf mit einer Temperatur von mehreren 100 °C (Hochtemperaturwärme) durch Konzentration der Sonneneinstrahlung

- Stromerzeugung in einer (Dampf-) Turbine

- optional: Hybridbetrieb mit einem gasbefeuerten Kraftwerk (Gasturbine)

- optional: Wirkungsgradsteigerung durch Realisation eines Kombikraftwerks (Gas-Dampf-Turbine).

In Abschnitt 2.1 wurden die Energieerzeugungskosten als Verhältnis der jährlichen Anlage- und Betriebskosten zur Jahresproduktion der erzeugten Energie erhalten. Letztere ist bei gegebener Grösse des solarthermischen Anlageteils direkt zur Zahl der nutzbaren Stunden mit voller Sonneneinstrahlung proportional. (Die Stromausbeute variiert – wie auch bei der Photovoltaik – nichtlinear mit der Einstrahlungsintensität, s.u.).

Aus diesem Grund besitzen solarthermische Kraftwerke vor allem im Sonnengürtel der Erde (Wüstengebiete Afrikas, Asiens, Australiens und Nordamerikas) eine Chance, einen ökonomisch kompetitiven Beitrag zu leisten. Bei einem Äquivalent von 3000 solaren Vollaststunden beträgt der 'last factor' lf = 0.34 .

Für die Gewinnung von Hochtemperatur-Solarwärme existieren drei Grundtypen von Kollektorsystemen.

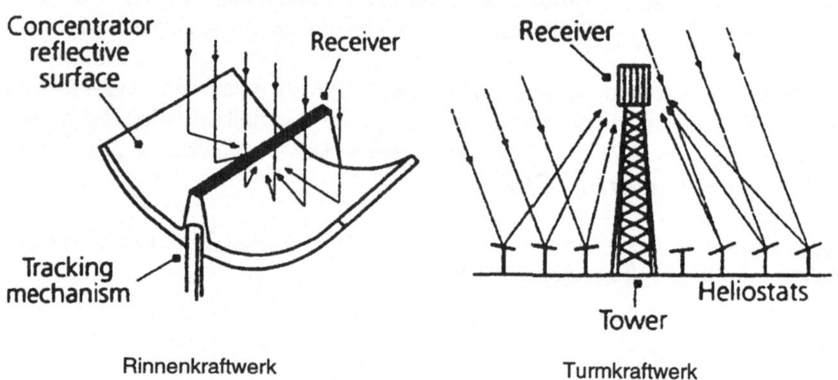

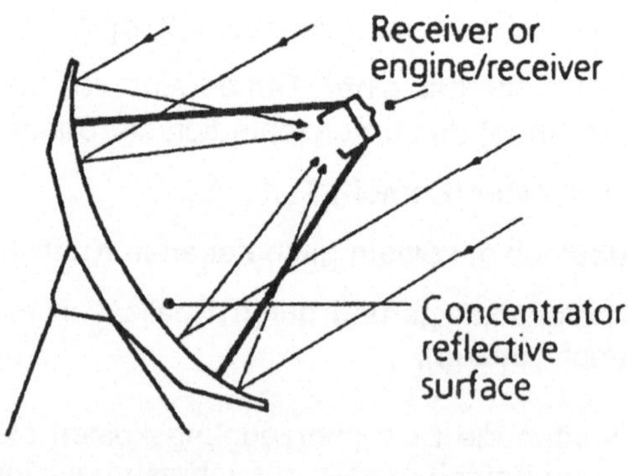

Abb. 4.7 Geometrien für solarthermische Kraftwerke (aus Ref. [5]).

Für die solarthermische Dampferzeugung wurden die ersten zwei Technologien realisiert.

- Rinnenkraftwerke

Das Kollektorfeld besteht aus einer grossen Zahl verspiegelter Rinnen mit parabolischem Querschnitt. Im Brennpunkt der Parabel ist parallel zur Rinnenachse eine Röhre angeordnet, in welcher Wasser geführt und erhitzt wird.

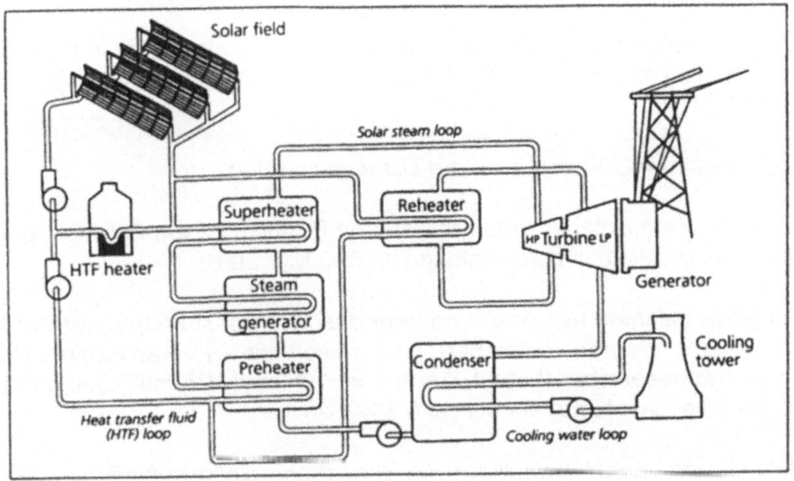

Abb. 4.8 Anlagenschema eines solarthermischen Rinnenkraftwerks (aus Ref. [5]).

- Turmkraftwerke

Sonnenenergie wird durch ein Heliostatenfeld (Nordfeld oder 360° - Feld) gesammelt und auf einen zentralen Wärmeaufnehmer (Receiver) fokussiert, der auf einem Turm montiert ist. Im Receiver wird die Wärme volumetrisch absorbiert und (z.B. in einem geeigneten Wärmetauscher) zur Dampferzeugung genutzt.

Versuchsanlagen mit dieser Anordnung im Leistungsbereich von einigen MW wurden in verschiedenen Weltregionen erprobt, u.a. in europäischen Ländern (Frankreich, Spanien, Italien), in Israel und in USA (Kalifornien).

- Kraftwerke mit Parabolkonzentratoren

    Die Spiegelfläche des 'parabolic dish' hat die Form eines Rotations-Paraboloids (d.h. entspricht dem Reflektor eines Scheinwerfers). Das Paraboloid wird zweiachsig (in Höhe und Azimuth) der Sonnenbewegung nachgeführt. Der Receiver befindet sich im Brennpunkt des Paraboloids und wird bei der Bewegung mitgeführt. Aus diesem Grund eignet sich diese Technologie weniger zur Dampferzeugung. Vielmehr ordnet man in jedem einzelnen Paraboloid eine Wärmekraftmaschine (z.B. Stirlingmaschine) mit Generator zur Stromerzeugung an.

In einer kürzlich durchgeführten Studie für ein Solarkraftwerk in den Alpen wurden die Varianten 'Turmkraftwerk' und 'Dish-Stirling-Farm' gegenübergestellt.

Grundsätzliche Überlegungen zur Dimensionierung

Um einen Vergleich mit einem realisierten Prototyp zu ermöglichen, gehen wir von einer elektrischen Leistung von 350 MW aus.

Soll diese Leistung rein solar und über das Jahr konstant erzeugt werden, so müssen die tageszeitlichen und saisonalen Schwankungen durch einen Wärmespeicher (Latentwärme oder 'fühlbare Wärme') ausgeglichen werden. Der 'last factor' entspricht 0.34 (s.o.).

Wirkungsgrad der Umwandlung von Sonnenenergie in Nutzwärme: ≈ 0.8
Wirkungsgrad der Konversion von Nutzwärme in elektrische Energie:
direkt 40 %, mit Wärmespeicher 32 %, Tagesmittelwert 35 %

Bedarf an *solarer* Leistung während der Bestrahlungszeit

$$P = \frac{350\,\text{MW}}{\text{lf}}\ \frac{1}{0.8 \cdot 0.35} = 1000\text{MW} \cdot 3.6 = 3.6\,\text{GW} \ . \tag{4.7}$$

Bei einer Einstrahlungsintensität von 1 kW / m² während der Vollastzeit ergibt dies einen Bedarf an Spiegelfläche von 3.6 km² (3.6 Mio. m² oder 10'000 Spiegel mit einer Fläche von 360 m²).

Die Abschätzung zeigt, dass pro kW Durchschnittsleistung eine Fläche von ca. 10 m² erforderlich ist, mit Kosten von typisch $ 1500. Diese Zahl ist mit typischen Investitionen für den Bau von Kraftwerksanlagen zu vergleichen.

Praktische Realisierungen

- Rinnenkraftwerk

Durch die Firma LUZ International Ltd. (Israel / USA) wurde in den Jahren 1985 - 1991 an der Kramers Junction in Kalifornien, USA, ein solarthermisches Kraftwerk aus 9 Abschnitten erstellt (SEGS: Solar Electric Generating System), wobei in jeder Stufe technische Verbesserungen erprobt wurden. Die Summe der Nettoleistungen entspricht 324 MW.

Tab. 4.2 Kenndaten der neuen Blöcke des SEGS-Kraftwerks in Kalifornien, USA

Plant	1st Year Operation	MWe net	SF Temp. (°C)	SF Area (m²)	Turbine Effic. (%) Solar	Turbine Effic.(%) Nat. Gas	Annual Output (MWh)
I	1985	13.8	307	82960	31.5	--	30100
II	1986	30	316	190338	29.4	37.3	80500
III/IV	1987	30	349	230300	30.6	37.4	92780
V	1988	30	349	250560	30.6	37.4	91820
VI	1989	30	399	188000	37.5	39.5	90850
VII	1989	30	399	194280	37.5	39.5	92646
VIII	1990	80	399	464340	37.6	37.6	252750
IX	1991	80	399	483960	37.6	37.6	256125

Das Kraftwerk verwendet alternierend solare Dampferzeugung und Erdgasfeuerung. Deshalb beträgt die gesamte Spiegelfläche nur 2 Mio. m².

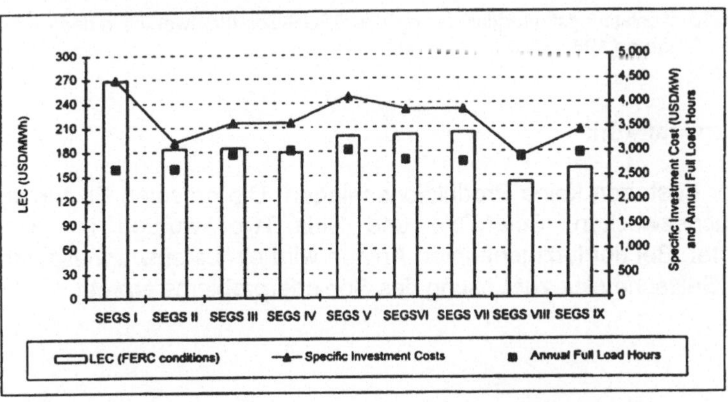

Abb. 4.9 Spezifische Investitionskosten, Zahl der Vollaststunden und Elektrizitätsgestehungskosten der neun Einheiten des SEGS-Solarkraftwerks [5].

Abbildung 4.9 fasst die Investionskosten in $ / kW und die Elektrizitäts-erzeugungskosten zusammen (LEC = levelized electricity costs, 100 $ / MWh = 10 ¢ / kWh). Vor dem Bau des 10. Blocks musste die Errichterfirma aus finanziellen Gründen schliessen.

Die Gründe für den finanziellen Fehlschlag wurden eingehend analysiert. Seit 1987 wird in der Anlage durch eine Betriebsgesellschaft Strom produziert. Die Figur zeigt die erzielten Auslastungsfaktoren des solaren Anlagenteils für die Jahre 1987 - 1993.

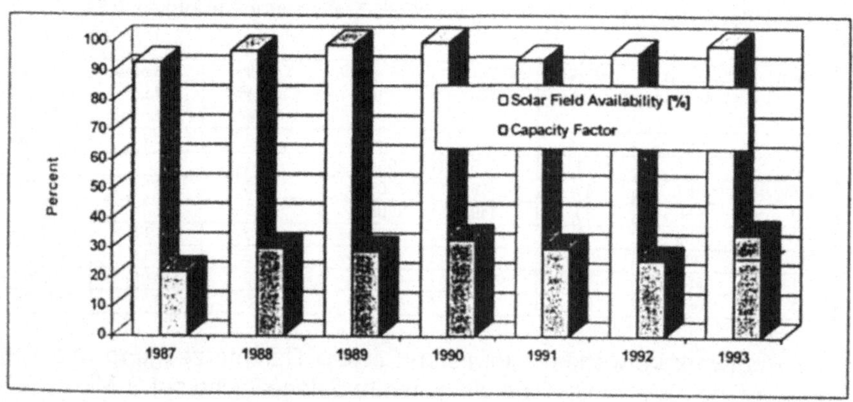

Abb. 4.10   Auslastungsfaktor (last factor) des SEGS-Solarkraftwerkes in den Betriebs-jahren 1987-1993 (aus Ref. [5]).

* Turmkraftwerk

Bisher bestehen keine Produktionsanlagen. Die grössten Pilotanlagen zu Versuchszwecken, Solar One und Solar Two, wurden in Kalifornien errichtet. Bei der letztgenannten Anlage wird ein Latentwärmespeicher mit einer Salzschmelze zur Lösung des Speicherproblems erprobt.

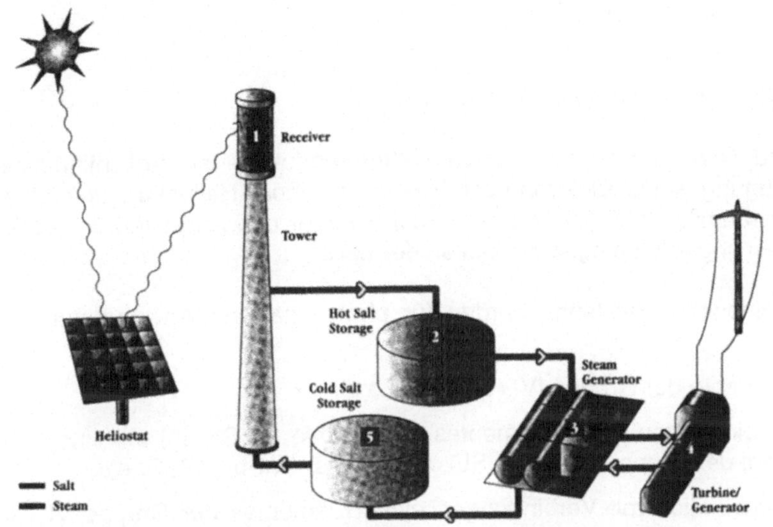

Abb. 4.11 Anlageschema des solaren Turmkraftwerkes Solar Two mit Energiespeicherung in einer Salzschmelze und anschliessender Dampferzeugung.
Salzkreislauf = ❶, ❷, ❺; Dampferzeugung = ❸; Dampfturbine = ❹

4.3 Aufwindkraftwerke

Ein Aufwindkraftwerk kombiniert die Lufterwärmung durch Sonnenenergie
mit den Methoden der Windenergienutzung. Diese Technologie wird in
Abschnitt 5.5 besprochen.

4.4 Photovoltaik

Funktionsweise photovoltaischer Zellen

Grundprinzip der photovoltaischen Stromproduktion ist die lichtinduzierte Erzeugung eines Elektron-Loch-Paares in einem Halbleiter, gefolgt von einer räumlichen Trennung der Ladungsträger und Abgreifen der Ladungen an gegenüberliegenden Seiten der Zelle.

Verschiedene Halbleiter wurden für photovoltaische Anwendungen getestet:

- Elemente der Gruppe IV (Si, Ge)

- Verbindungen eines Elementes der Gruppe III (Ga, In) mit einem Element der Gruppe V (P, As, Sb), also GaAs, GaSb, InGaP, etc.

- Kombination mit Verbindungen eines Elementes der Gruppe VI (Se), z.B. CuInGaSe.

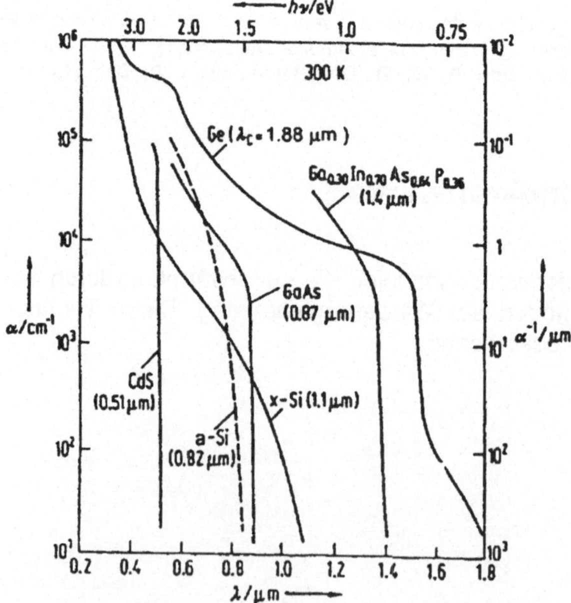

Abb. 4.12 Wellenlängenabhängige Absorptionskoeffizienten von Halbleitermaterialien (aus Ref. [6]).

Materialien wie GaAs oder Halbleiter mit niedriger Bandlücke können für spezifische Anwendungen Vorteile bringen. Aufgrund seiner unbegrenzten Verfügbarkeit (aus Quarzsand SiO_2), des ökologisch unproblematischen Produktes Si und den Vorteilen einer breiten industriellen Basis für die Si-Produktion basieren praktisch alle für die terrestrische Stromproduktion installierten Photovoltaikanlagen auf Siliziumzellen. Wir wollen uns im vorliegenden Abschnitt deshalb auf die Siliziumtechnologie beschränken.

Zur Realisierung der Ladungstrennung stellt man einen Übergang (eine Kontaktfläche) zwischen p- und n-dotiertem Si her (p-n-junction).

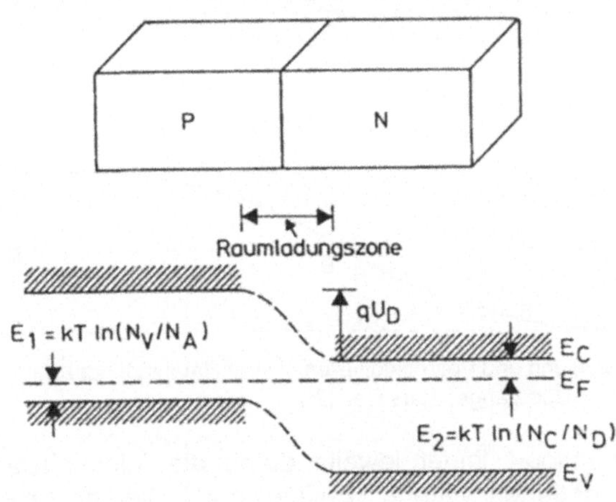

Abb. 4.13 Energiebänderschema eines p-n-Überganges (aus Ref. [7]).

Im n-Halbleiter liegt die Fermi-Energie (chemisches Potential) der Elektronen innerhalb der Bandlücke höher als im p-Halbleiter. Kontaktiert man die beiden Materialien, so fliessen Elektronen von der Randschicht des n-Halbleiters in die angrenzende Randschicht des p-Halbleiters. Es entsteht eine Raumladungszone (im n-Halbleiter positive Ladung, im p-Halbleiter negative Ladung) und als Konsequenz eine Potentialdifferenz U_D und ein inneres Feld. Im Gleichgewicht (ohne Beleuchtung) wird der Diffusionsstrom durch den feldgetriebenen Strom gerade kompensiert.

Wird der pn-Übergang mit Photonen einer Energie angeregt, welche grösser ist als der Bandabstand, so erzeugt man Elektron-Loch-Paare. Damit diese zu einem externen Strom beitragen können, müssen sie durch das interne Feld der Raumladungszone getrennt werden, ehe sie rekombinieren können. Absorption von Photonen ist deshalb nur in der

Raumladungszone selbst und innerhalb einiger Diffusionslängen im Abstand von der Raumladungszone wirksam ($\Rightarrow$ Dünnschichtzelle).

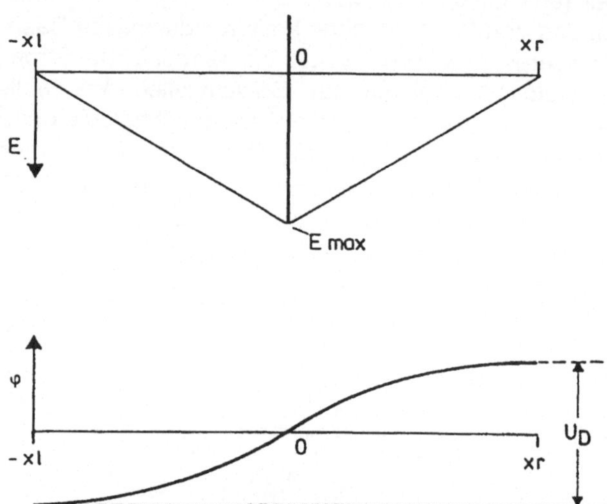

Abb. 4.14 Feldverteilung und Potentialdifferenz in der Raumladungszone eines p-n-Überganges (aus Ref. [7]).

Der Ladungstransport findet jeweils durch die Minoritätsladungsträger statt, d.h. im n-dotierten Material (Emitter) durch die Löcher und im p-dotierten Material (Basis) durch die Elektronen. Das obige Energieniveaudiagramm (Energie der Elektronen) zeigt, dass in beiden Fällen der Minoritätsladungsträger durch das Feld in der Raumladungszone in die gegenüberliegende Schicht getrieben wird. Eine detaillierte Herleitung der Ströme in den einzelnen Schichten findet sich z.B. in [6], Kapitel 4.

Eine häufig verwendete Anordnung besteht aus einer Basiselektrode, einer relativ dicken, schwach p-dotierten Schicht und einer darüberliegenden, hoch n-dotierten Schicht (n$^+$) [8]. Die n-Schicht ist mit dünnen fingerförmigen Elektroden überzogen, die Beleuchtung erfolgt durch die Zwischenräume. Aufgrund der geringeren Dotierung erstreckt sich die Raumladungszone in der p-Schicht viel weiter als in der n-Schicht.

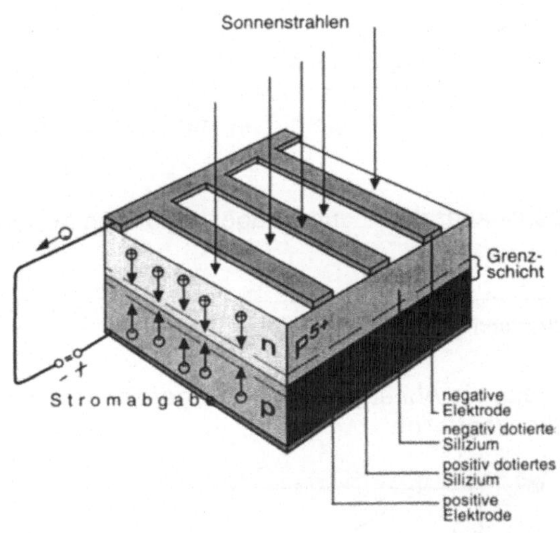

Abb. 4.15 Schematischer Aufbau einer Halbleiter-Photovoltaikzelle (Quelle: W. Durisch).

Rekombination

Rekombiniert ein angeregtes Elektron mit einem Loch, so sind beide für den Ladungstransport verloren. Dazu tragen drei Mechanismen bei.

Strahlende Rekombination unter Aussendung eines Photons:
Die Emission ist die Umkehrung der Absorption. In Silizium, das eine 'indirekte Bandlücke' besitzt, sind beide Prozesse nur bei gleichzeitiger Abgabe oder Aufnahme von Impuls durch eine Gitterschwingung (Phonon) erlaubt. Strahlende Rekombination ist deshalb bei Si relativ unwichtig.

Auger-Rekombination:
Das Leitungselektron rekombiniert mit einem Loch und gibt die überschüssige Energie an ein weiteres Elektron im Leitungsband ab. Bezeichnet man mit n die Dichte der Leitungselektronen und mit p die Dichte der Löcher, so ist der Auger-Prozess in erster Näherung proportional zu $n^2 p$. Er ist deshalb vor allem bei hohen Dotierungskonzentrationen wichtig.

Störstellenrekombination:
Die erzeugten Ladungsträger werden durch ein Fremdatom (Störstelle, Trap mit Elektronenmangel oder Elektronenüberschuss) eingefangen. Dieser Prozess begründet u.a. die hohen Reinheitsanforderungen an das Material.

Die Gesamtlebensdauer der Ladungsträger ergibt sich aus der Gleichung

$$\frac{1}{\tau_{gesamt}} = \frac{1}{\tau_{Strahlung}} + \frac{1}{\tau_{Auger}} + \frac{1}{\tau_{Trap}} \ . \tag{4.8}$$

Die Abbildung zeigt die Abhängigkeit der Trägerlebensdauerprozesse von der Dotierungskonzentration.

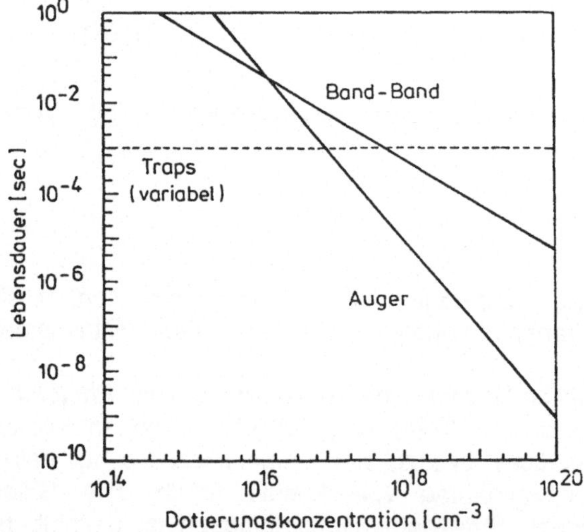

Abb. 4.16 Beiträge verschiedener Prozesse zur Lebensdauer der Ladungsträger in Abhängigkeit von der Dotierungskonzentration (aus Ref. [7]).

Oberflächenrekombination:
Die Rekombination von Ladungsträgern an Grenzflächen stellt einen weiteren Verlustmechanismus dar. Sie erfolgt an der lichtzugewandten Oberfläche; falls die Dicke der Zelle geringer ist als die Diffusionslänge der Ladungsträger, finden auch auf der Rückseite Rekombinationsprozesse statt. Diese können durch Aufbringen einer transparenten Passivierungsschicht (z.B. einer dünnen Oxidschicht) reduziert werden.

Typen von Silizium-Solarzellen

Grundtypen:

- kristallines Silizium (c-Si)   monokristallin (m-Si)
                                     polykristallin   (p-Si)

- amorphes Silizium (a-Si).

Die spektrale Sensitivität S von Photozellen (gemessen in A/W) ist gegeben durch

$$S(\lambda) = \frac{e\,\lambda}{h\,c}\, Y_e(\lambda) \tag{4.9}$$

mit $e = 1.602 \cdot 10^{-19}$ As, $h = 6.626 \cdot 10^{-34}$ Js und $c = 2.998 \cdot 10^{+8}$ ms^{-1}. $Y_e(\lambda)$ bezeichnet die Quantenausbeute der Photoionisation (d.h. der Elektron-Loch-Paarbildung nach Absorption). Das folgende Diagramm zeigt relative Sensitivitäten, d.h. das Maximum wurde auf Eins normiert.

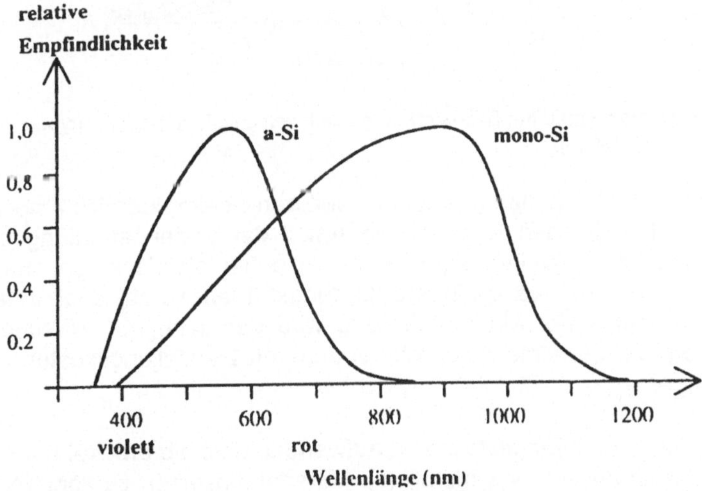

Abb. 4.17 Normierte spektrale Empfindlichkeit von amorphem und monokristallinem
Silizium (aus Ref. [9]).

Monokristalline (m-Si) und amorphe (a-Si) Siliziumzellen unterscheiden sich in ihrer spektralen Empfindlichkeit. Die Koordinationsfehlstellen (fehlende langreichweitige Ordnung) im a-Si führen zu einer partiellen

Aufhebung der Auswahlregeln des Kristalls. Während kristallines Si ein indirekter Halbleiter ist (s.o.), entspricht amorphes Si einem quasi-direkten Halbleiter. Daraus ergibt sich der oben gezeigte steile Anstieg der Bandkante bei $\lambda = 0.82$ μm.

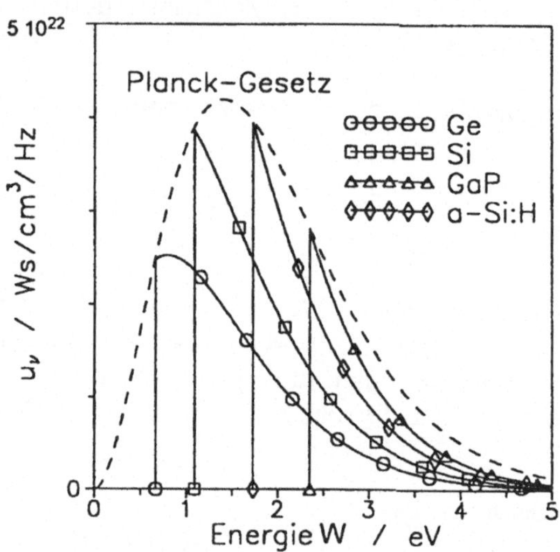

Abb. 4.18   Nutzungsgrad der Solarstrahlung durch verschiedene Halbleitertypen (aus Ref. [6]).

Da monokristalline Zellen über einen weiteren Spektralbereich empfindlich sind und den grossen langwelligen Anteil der Sonnenstrahlung besser ausnützen, ist ihr Wirkungsgrad generell höher als derjenige amorpher Zellen. Dazu trägt die geringere Ladungsträgerrekombinationsrate bei. Vom Standpunkt der Markteinführung wird der geringere Wirkungsgrad des amorphen Siliziums durch die niedrigeren Herstellungskosten partiell aufgewogen.

Das Ziehen von Si-Einkristallen ist aufwendig, deshalb arbeitet man intensiv an Verfahren, um polykristallines Material einsetzen zu können. Jede Korngrenze (grain boundary, gb) ist ein Ort erhöhter Oberflächenrekombination, deshalb ist ein pn-Übergang aus isotrop polykristallin erstarrtem Material nicht ohne weiteres brauchbar. Durch sogenannten Kokillenguss im Vakuum in eine Form mit gekühlter Grundplatte und durch Abkühlen nach einem optimierten Temperaturprogramm versucht man ein Erstarren in säulenförmiger (kolumnarer) Art zu induzieren.

Die resultierenden Blöcke des p-dotierten Ausgangsmaterials werden mit Gatter-Drahtsägen senkrecht zu den Säulenachsen in dünne Scheiben zersägt (z.B. 10 cm × 10 cm × 0.4 mm). Die Schicht zeigt also die Querschnitte der Kristallite. Anschliessend wird die für den Lichteintritt bestimmte Seite jeder Scheibe n+-dotiert.

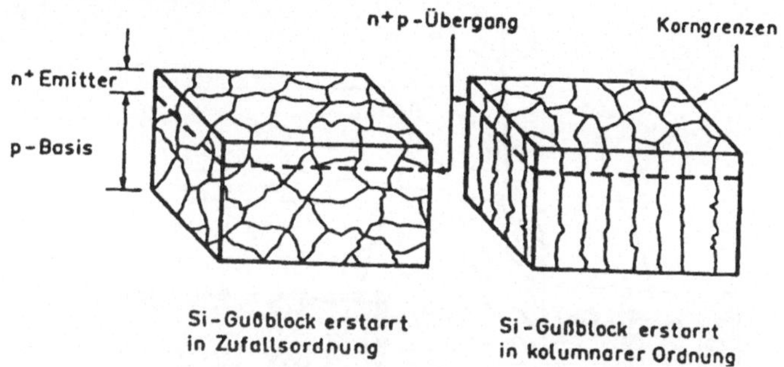

Abb. 4.19 Prinzip der Herstellung von polykristallinen Silizium durch gerichtete Erstarrung (aus Ref. [6]).

Herstellungsverfahren

Das Rohmaterial, Quarzsand, wird mit Kohlenstoff vermischt und im Lichtbogen zwischen zwei Kohleelektroden bei ca. 1800 °C aufgeschmolzen und reduziert. Das flüssige Silizium wird abgezogen und erstarrt. 'Metallurgic grade' (MG) Silizium hat eine Reinheit von typisch 98 %.

Der erste wesentliche Reinigungsschritt erfolgt über die Gasphase. Silizium wird mit HCl zu Trichlorsilan umgesetzt:

$$\mathrm{Si} + 3\,\mathrm{HCl} \;\Rightarrow\; \mathrm{SiHCl_3} + \mathrm{H_2}\,. \tag{4.10}$$

Das Produkt kann aufgrund seines Siedepunktes von 30 °C leicht abgetrennt werden.

Aus Trichlorsilan wird hochreines Silizium durch Chemical Vapour Deposition (CVD) abgeschieden. An einem heissen Si-Stab als Substrat (1350 °C) wird aus einem Gemisch aus $\mathrm{SiHCl_3}$ und $\mathrm{H_2}$ Silizium deponiert gemäss der Gleichung

$$4\,\mathrm{SiHCl_3} + 2\,\mathrm{H_2} \;\Rightarrow\; 3\,\mathrm{Si} + \mathrm{SiCl_4} + 8\,\mathrm{HCl}\,. \tag{4.11}$$

Monokristallines Si

Weitere Reinigung (auf Fremdstoffkonzentrationen von $< 10^{-10}$ at.%) erfolgt beim Ziehen der Einkristalle nach dem Czochralski- oder dem Zonenschmelzverfahren. Bei letzterem kann gleichzeitig die p-Dotierung (z.B. mit B_2H_6) oder die n-Dotierung (z.B. mit PH_3) vorgenommen werden.

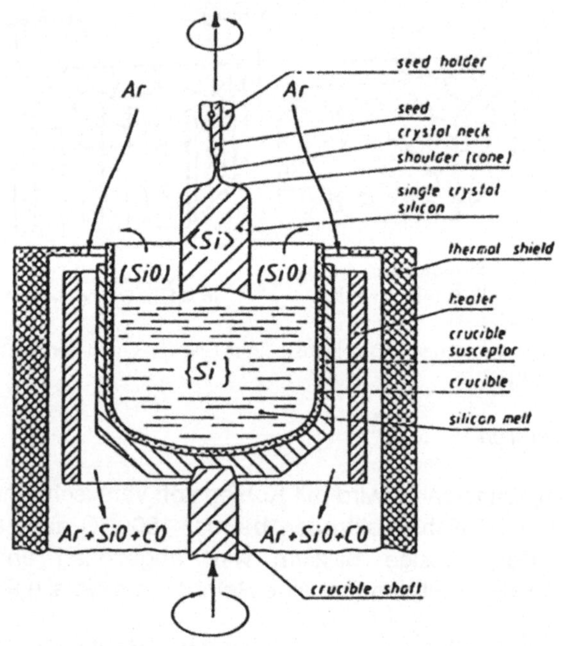

Abb. 4.20 Czochralski-Verfahren zur Herstellung von hochreinem Silizium (aus Ref. [7]).

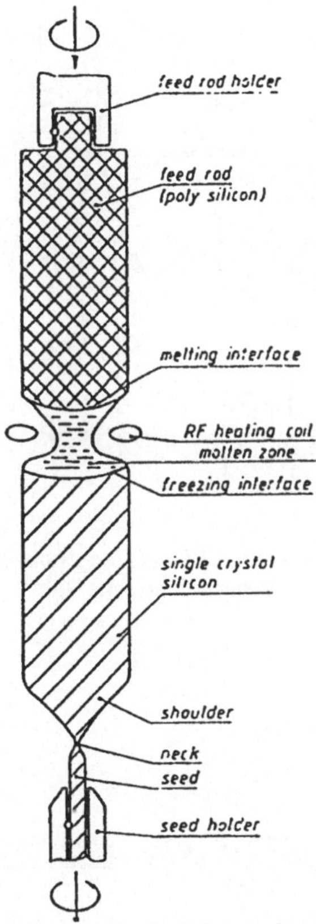

Abb. 4.21 Zonenschmelzverfahren zur Nachreinigung des Siliziums (aus Ref. [7]).

Polykristallines Si

Das Blockgussverfahren wurde schon beschrieben. Beim 'Edge defined Film Growth' (EFG) wird aus einer Schmelze durch entsprechende, mit Graphitformen definierte Schlitze ein achteckiges Rohr gezogen. Durch Laserschneiden werden Scheiben der Grösse 10 cm × 10 cm hergestellt.

Eine weitere Möglichkeit zur Herstellung von Si-Folien besteht im Aufschmelzen (und Verbacken) von kugelförmigem Si-Pulver. Anschliessend wird die selbsttragende Folie (Dicke 0.4 mm) durch Zonenschmelzen zu einem polykristallinen Material umgewandelt.

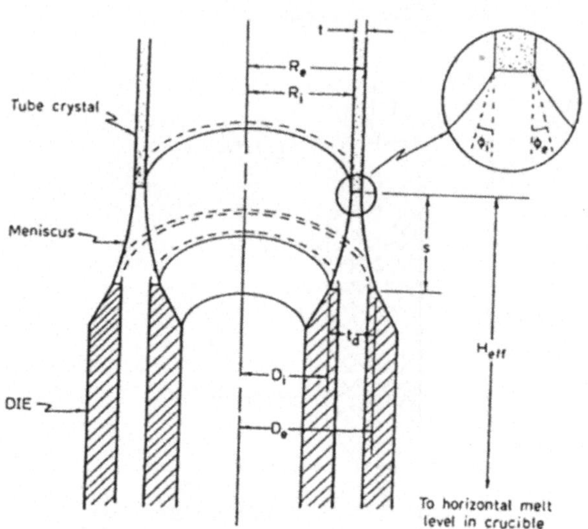

Abb. 4.22 Edge defined Film Growth (EFG) als Möglichkeit zur direkten Produktion dünner kristalliner Siliziumscheiben (aus Ref. [7]).

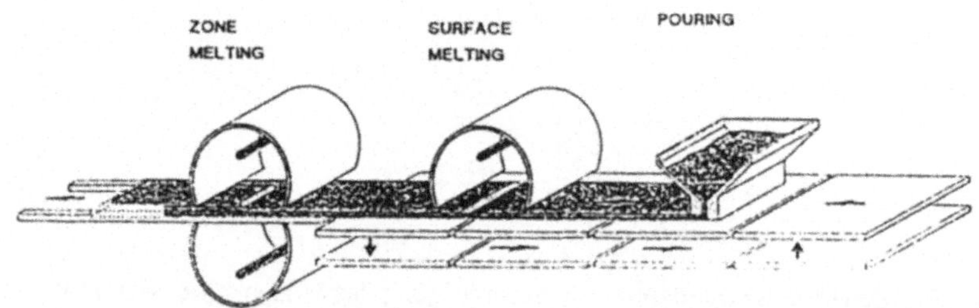

Abb. 4.23 Produktion von kristallinem Silizium durch Aufschmelzen von Pulver in der 'Silicon Sheet from Powder' (SSP) - Technologie (aus Ref. [7]).

Nutzung der Sonneneinstrahlung

Die Quantifizierung der Sonneneinstrahlung ist für die Bestimmung von Solarzellen-Wirkungsgraden einerseits und für die Berechnung von Jahreserträgen andererseits von entscheidender Bedeutung. Dabei unterscheidet man folgende Messpositionen:

global horizontal	Oberfläche des Messinstrumentes liegt horizontal, die gesamte einfallende Strahlung wird erfasst.
global x°, y°	analog für ein um x° gegenüber der Horizontalen geneigtes Messinstrument mit Azimutausrichtung y° bzw. eine mit fixem Winkel aufgestellte Solarzelle.
global normal	analog für ein Messinstrument, bei welchem die Normale zur empfindlichen Oberfläche auf die Sonne ausgerichtet ist.
direkt normal	Messinstrument auf die Sonne ausgerichtet, es wird nur die direkt von der Sonne einfallende Strahlung gemessen (diffuser / gestreuter Anteil wird ausgeblendet).

Für die Globaleinstrahlung auf die Erdoberfläche bei vollständig klarem Himmel kann als guter Richtwert $1 \, kW / m^2$ angenommen werden.

Die Integration der Einstrahlung über ein Jahr ergibt den Jahresertrag in kWh / m^2. Wie erwähnt, variiert dieser zwischen $1000 \, kWh / m^2$ (Flachland Mitteleuropa), $2000 \, kWh / m^2$ (Alpen, Mittelmeerraum) und $2500 - 3000 \, kWh / m^2$ (Wüstengebiete im Sonnengürtel der Erde). Dies wird äquivalent auch als eine Zahl von 1000, 2000 bzw. 2500 Stunden mit voller Sonneneinstrahlung angegeben.

Der Wirkungsgrad einer Photozelle hängt nichtlinear von der Bestrahlungsstärke ab, je nach Qualität wird sie erst oberhalb einer minimalen Einstrahlungsstärke effizient. Bei Bewölkung und Nebel ist die Produktion aller Zellen gering, trotz akzeptablem Wirkungsgrad. Amorphe Zellen können den diffusen Strahlungsanteil etwas besser verwerten, wie die in der Tabelle aufgeführten Messungen (W. Durisch, PSI) exemplarisch belegen.

Tab. 4.3 Typische Bereiche der Solarstrahlung und zugehörige Solarzellen-Wirkungsgrade für verschiedene meteorologische Bedingungen

	klarer Himmel	dunstig, Sonne leicht verdeckt	wolkenbedeckter Himmel
Globalstrahlung	$600 - 1000 \, W / m^2$	$200 - 400 \, W / m^2$	$50 - 150 \, W / m^2$
diffuser Anteil	10 - 20 %	20 - 80 %	100 %
m-Si	$\eta = 13.1\,\%$	$\Leftrightarrow$	$\eta = 11.8\,\%$
p-Si	$\eta = 12.2\,\%$	$\Leftrightarrow$	$\eta = 11.6\,\%$
a-Si	$\eta = 4.4\,\%$	$\Leftrightarrow$	$\eta = 4.4\,\%$
a-Si Tandemzelle	$\eta = 5.6\,\%$	$\Leftrightarrow$	$\eta = 4.4\,\%$

Eine fest montierte Anlage (z.B. auf einem Dach) sollte offensichtlich bevorzugt nach Süden ausgerichtet sein. Für den Neigungswinkel ist der scheinbare Sonnenstand zu berücksichtigen.

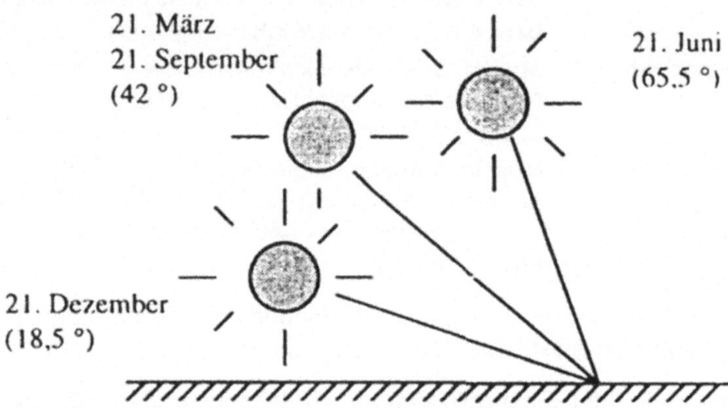

Abb. 4.24 Jahreszeitliche Variation der Höhe des Sonnenstandes (nach Ref. [9]).

Eine Optimierung für die Wintermonate ergäbe einen Neigungswinkel von 60° (beachte aber die geringe Totalzahl der im Winter verfügbaren kWh !). Für gute Leistung im Frühjahr und Herbst ist ein Neigungswinkel von ca. 45° optimal. Maximaler Jahresertrag ergibt sich bei einem Neigungswinkel von ca. 30°.

Die Abbildung 4.25 illustriert die relative Änderung des Jahresertrages als Funktion des Neigungswinkels und einer Abweichung von der Ausrichtung nach Süden.

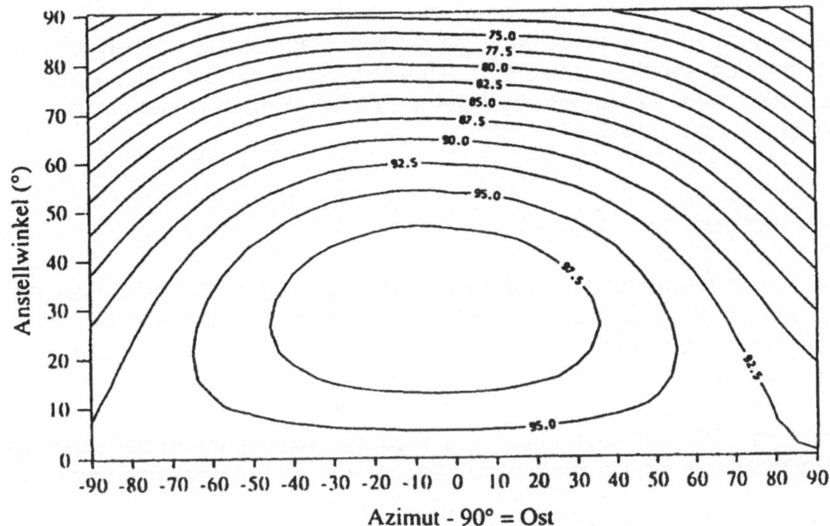

Abb. 4.25   Relative Variation des Jahresertrages als Funktion des Anstellwinkels
und der optimalen Ausrichtung nach Süden (aus Ref. [9]).

Platzbedarf

Hier gelten analoge Überlegungen wie bei Solarkraftwerken.

$$\text{Zellenfläche pro Nennleistung} \left[\frac{m^2}{kW_p}\right] = \frac{1}{\text{Globalstrahlung} \left[\frac{kW}{m^2}\right] \cdot \text{Wirkungsgrad}}$$

$$(4.12)$$

$$\text{Zellenfläche pro mittlerer Leistung} = \frac{\text{Zellenfläche pro Nennleistung}}{\text{Anteil der Vollaststunden (load factor)}}.$$

$$(4.13)$$

Für eine genaue Berechnung muss die Globalstrahlung für die reale Geometrie der montierten Anlage ermittelt werden.

Bei dezentralen (dachmonierten) Anlagen geht man davon aus, dass die
erforderliche Dachfläche schon vorhanden ist, d.h. es entsteht kein zusätzlicher Landbedarf.

Bei Photovoltaikkraftwerken muss zusätzlich berücksichtigt werden, dass die Module nicht unmittelbar nebeneinander aufgestellt werden können, da sie sich sonst gegenseitig beschatten (shading) bzw. der Unterhalt behindert wird. Der Landbedarf steigt dadurch je nach Randbedingungen um einen Faktor 2 - 5.

Wirkungsgrad

Realisierte Werte variieren zwischen 5 % (a-Si) und 16 % (m-Si); der Wirkungsgrad von Zellen aus p-Si liegt dazwischen. Tabellen von käuflichen Modulen zu konkurrenzfähigen Preisen weisen einen Häufungspunkt bei 13 - 14 % auf.

Für eine Grobabschätzung des Platzbedarfs (inkl. Rahmen) bei einer Dachinstallation kann ein Bruttowirkungsgrad von 10 % eingesetzt werden.

In Laborzellen auf Si-Basis wurde für den Wirkungsgrad ein Rekordwert von 24 % erreicht. Mit GaAs, GaAs / InGaP und GaAs / GaSb wurden noch höhere Werte realisiert.

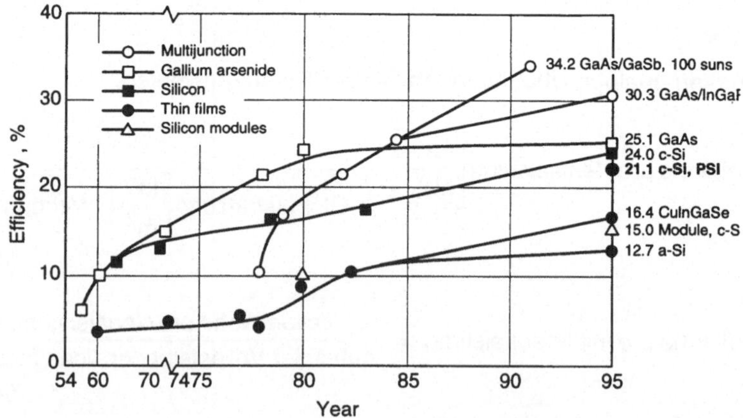

Abb. 4.26   Zeitliche Entwicklung des Wirkungsgrades von Solarzellen aus verschiedenen Materialien (Quelle: W. Durisch).

Anlagenbau und Schaltungsvarianten

Ein montagefertiges Photovoltaik-Paneel umfasst ausser dem Zellenarray noch polymere Schutzfolien, eine Deckplatte auf der sonnenzugewandten Seite, einen Witterungsschutz auf der Unterseite sowie den Halterungsrahmen. Diese Komponenten tragen sehr signifikant (20 - 40 %) zu den Modulkosten bei.

Photovoltaikanlagen können als Inselanlagen oder als Netzverbundanlagen konzipiert werden. Im ersten Fall entsteht ein unabhängiges Gleichstrom-Elektrizitätsversorgungssystem mit Batterien (meistens grossen Bleiakkumulatoren) als Speichern. Alle Verbraucher werden mit Gleichstrom gespeist. Beispiele sind Stromversorgungen für Almhütten und Messstationen verschiedener Art, welche im Gelände aufgestellt werden.

Bei Netzverbundanlagen wird durch einen Wechselrichter mit guter Effizienz (85 - 95 %) frequenztreu Wechselstrom erzeugt und phasenrichtig in das Netz eingespeist. Die Sicherheit (Kurzschlüsse, Wartung) erfordert es, dass bei einem störungsbedingten Ausfall des Netzes die Photovoltaikanlage automatisch und zuverlässig vom Netz abgekoppelt wird.

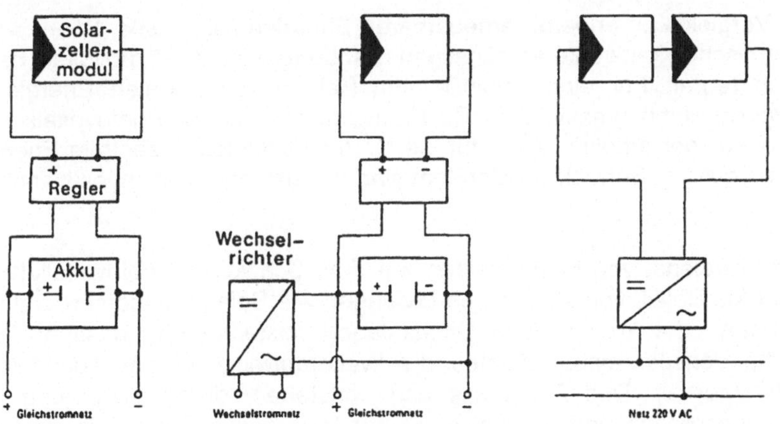

Abb. 4.27 Mögliche Schaltungen zur Nutzung des Solarstroms (Quelle: W. Durisch).

Potential

Typische Einsatzgebiete der Photovoltaik existieren dort, wo aufgrund fehlender Infrastruktur eine einfache, praktisch wartungsfreie Stromversorgung durch Photovoltaik günstiger ist als jede leitungsgebundene Lösung (entlegene Gebiete, Signalisation entlang Autobahnen, Sendestationen, alpine Standorte, nicht erschlossene Regionen in Entwicklungsländern, etc.).

Weiter existieren spezifische Marktchancen durch Fassadenintegration und durch den Einsatz der Photovoltaik für Klimatisierung (Spitzenbedarf an Strom in USA fällt mit den Perioden intensiver Sonneneinstrahlung zusammen).

Ziel des Programmes 'Energie 2000' in der Schweiz war das Erreichen einer im Netzverbund installierten Leistung von 50 MW_p (zur Deckung von typisch 0.1 % des Jahresverbrauches an Elektrizität). 1995 waren erst 7 MW_p installiert, mit einer jährlichen Installationsrate von 800 kW_p. Logistische Schwierigkeiten hinsichtlich des Zeitpunktes der Netzeinspeisung des dezentral erzeugten Photovoltaikstromes würden erst bei viel grösseren Anteilen an der Stromversorgung auftreten.

Im Vergleich zu anderen erneuerbaren Energien (Biomasse, Wind, solarthermische Kraftwerke an günstigen Standorten) ist die Photovoltaik heute noch teurer. Für einen signifikanten Beitrag zur globalen Energieversorgung durch grosse, zentrale Kraftwerksanlagen ist Photovoltaik deshalb weniger attraktiv. Auch für die *flächendeckende* dezentrale Energieversorgung in Entwicklungsländern sind die erforderlichen Investitionen zu hoch.

Das Verdienst von Pilotprojekten wie dem Schweizer Photovoltaik-Kraftwerk Mt. Soleil, von städtischen Lösungen wie Solarstrombörsen und von privaten oder kommunalen Dachanlagen besteht darin, dass nur das Vorhandensein eines Marktes die Weiterentwicklung der Technologie aufrechterhält. Das Ziel muss darin bestehen, durch Steigerung des Wirkungsgrades und innovative Systemlösungen zu einer signifikanten Kostensenkung beizutragen.

Solarzellen in der Entwicklung

Steigerungen im Wirkungsgrad sind möglich durch zwei Typen von Massnahmen, die einzeln oder kombiniert angewandt werden können:

- Verringerung der Ladungsträger-Rekombinationsraten (reine Materialien, gute Oberflächenpassivierung, Dünnschichtzellen)

- Strukturierung einer oder beider Oberflächen zur Verlängerung des Lichtweges in der Halbleiterschicht ('light trapping').

Anisotropes Ätzen einer <100> - Oberfläche von Si legt pyramidenförmige Strukturen frei, deren Wände aus <111> - Kristallflächen bestehen. Aufwendiger können regelmässige Gitterstrukturen durch mikrolithographische Verfahren hergestellt werden. Brechung des senkrecht einfallenden Lichtes an der Oberseite resultiert in längeren Lichtwegen. Geeignete Auslegung des Reflexionsgitters auf der Unterseite erzeugt Beugungsordnungen, die parallel zur Schicht laufen.

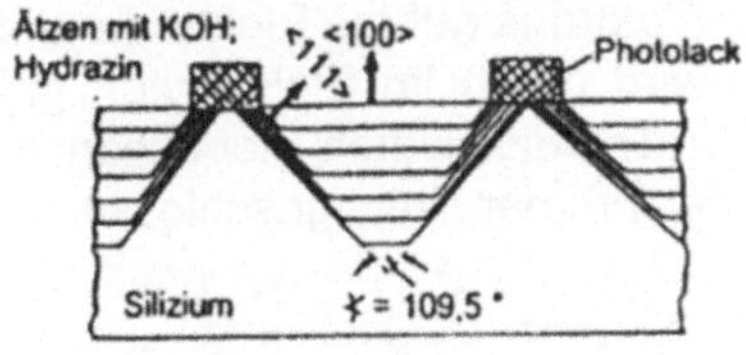

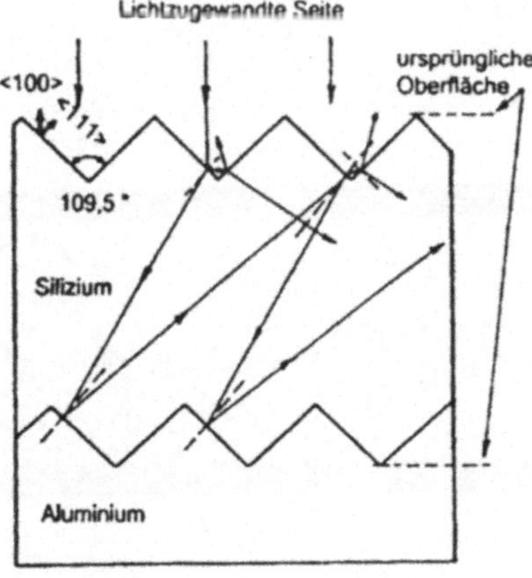

Abb. 4.28 Gitterstrukturierung von Zellen zur Verbesserung des Lichteinfangs (aus Ref. [6]).

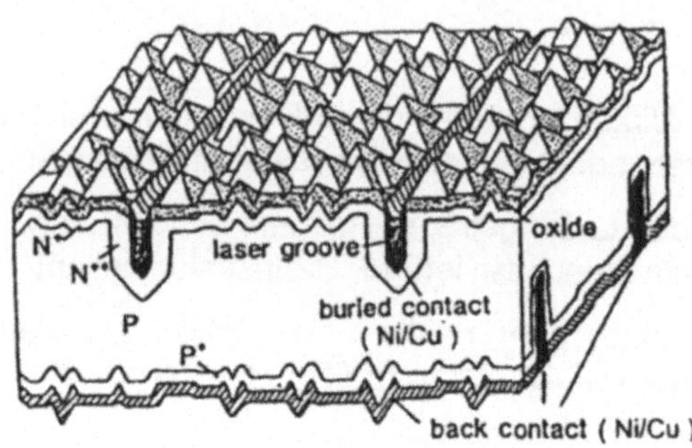

Abb. 4.29 Vereinfachte stochastische Oberflächenstrukturierung durch anisotropes Ätzen (aus Ref. [6]).

In den letzten Jahren wurde an der ETH Lausanne eine neuartige Photovoltaikzelle auf der Basis von nanokristallinem TiO_2 als Halbleiter entwickelt. Das Titandioxid selbst absorbiert sichtbares Licht nicht. Ein auf seiner Oberfläche adsorbierter Ru^{II}-Komplex wird optisch angeregt; darauf folgt die Übertrag eines Elektrons auf die Elektrode und Oxidation zu Ru^{III}. Der oxidierte Komplex wird durch im Elektrolyten gelöstes Iodid wieder reduziert; dabei entsteht Triiodid. Durch Reduktion des Triiodids an der positiven Gegenelektrode wird der Kreis geschlossen.

$$2\,Ru^{III} + 3\,I^- \ \Rightarrow\ 2\,Ru^{II} + I_3^- \tag{4.14}$$

$$I_3^- + 2\,e^- \ \Rightarrow\ 3\,I^- \tag{4.15}$$

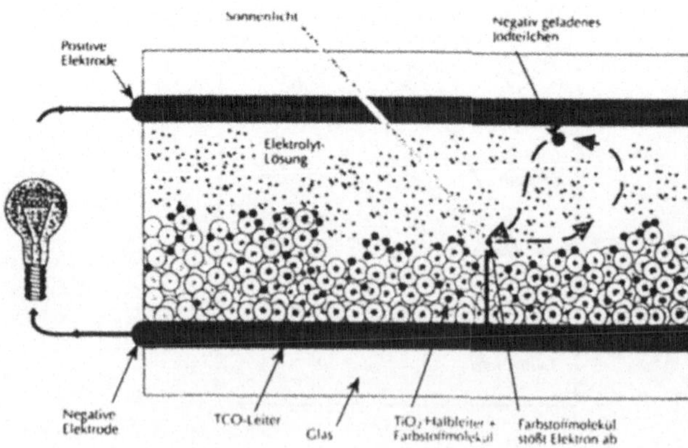

Abb. 4.30 Schematischer Aufbau einer Farbstoff-Injektionszelle (aus Ref. [6]).

4.5 Solarchemie

4.5.1 Konzept der Solarchemie, Beispiele

Im Zusammenhang mit der Elektrizitätserzeugung durch solarthermische Kraftwerke oder Photovoltaik wurde auf das Problem hingewiesen, dass Sonnenenergie nur zeitlich intermittierend zur Verfügung steht und dass die Regionen mit hoher Sonneneinstrahlung geographisch oft weit von den potentiellen Abnehmern entfernt sind. Daraus ergibt sich die Anforderung nach Speicherung und Transport der gesammelten Energie.

Der Solarchemie liegt das Konzept zugrunde, die Sonnenenergie direkt zur Herstellung chemischer Energieträger zu nutzen, die gespeichert und transportiert werden können. Die Produkte sind ausgezeichnet durch einen hohen Brennwert bzw. eine im Vergleich zu den Ausgangsmaterialien positivere freie Bildungsenthalpie ΔG_f° .

Zur Realisierung dieses Konzeptes existieren prinzipiell verschiedene Möglichkeiten:

a) Ersatz fossiler Brennstoffe durch Sonnenenergie in industriellen Prozessen, z.B.
   Trocknungsprozesse
   solare Calcinierung $\qquad\qquad CaCO_3 \rightarrow CaO + CO_2$

b) Reduktion des Bedarfs an elektrischer Energie bei industriellen Prozessen, z.B.
   Aluminiumherstellung durch Schmelzflusselektrolyse bei erhöhter Temperatur, erreicht durch Heizen mit Sonnenenergie

c) Herstellung geeigneter Materialien durch Hochtemperatur-Solarchemie, z.B.
   Carbide
   Nitride

d) Entschwefelung von H_2S aus Erdgasvorkommen,
   $H_2S(g) \Rightarrow S(s) + H_2$

e) Spaltung von Kohlendioxid zur CO-Produktion,
   $CO_2 \Rightarrow CO + \frac{1}{2} O_2(g)$ (in dieser Form noch nicht gezeigt)

f) Decarbonisierung von Kohlenwasserstoffen zur Produktion CO_2-freier Brennstoffe,

$$C_xH_y \Rightarrow x\,C(s) + y/2\,H_2$$

g) Reformierungsprozesse zur Herstellung energiereicher Gasmischungen aus fossilen Brennstoffen und Sonnenenergie, z.B.
Dampfreformierung von Methan mit Sonnenenergie,

$$CH_4 + H_2O \Rightarrow CO + 3\,H_2$$

CO_2-Reformierung von Methan als gleichzeitige Möglichkeit der CO_2-Nutzung,

$$CH_4 + CO_2 \Rightarrow 2\,CO + 2\,H_2$$

h) solarthermische Reduktion von Metalloxiden zur Produktion von Metallen,

$$M_xO_y \Rightarrow x\,M(s) + y/2\,O_2$$

i) Produktion von solarem Wasserstoff über zwei- oder mehrstufige Zyklen (s.u.),

$$H_2O(g) \Rightarrow\Rightarrow H_2 + \tfrac{1}{2}\,O_2(g)$$

j) Hybridverfahren aus g), h) und i).

Allen diesen Prozessen ist gemeinsam, dass sie bei Temperaturen von mehreren hundert °C ablaufen. Zum Erreichen dieser Temperaturen ist konzentrierte Solarstrahlung erforderlich.

4.5.2 Absorptions- und Gesamtwirkungsgrad

Verwendete Symbole:

A	Querschnittsfläche [m^2]	α_{eff}	effektiver Absorptionskoeffizient
C	Konzentrationsfaktor der solaren Einstrahlung [-]	ε_{eff}	effektiver Emissionskoeffizient
I	solare Intensität [$W\,m^{-2}$]	η	Wirkungsgrad
Q	Wärmefluss [$W\,m^{-2}$]	σ	Stefan-Bolzmann-Konstante $= 5.67051 \cdot 10^{-8}\,W\,m^{-2}\,K^{-4}$.

Der Gesamtwirkungsgrad eines Receivers / Solarreaktors setzt sich aus den Teilwirkungsgraden der Absorption der Sonnenenergie und der chemischen Umwandlung zusammen,

$$\eta_{\text{gesamt}} = \eta_{\text{Absorption}} \cdot \eta_{\text{Reaktion}} \cdot \tag{4.16}$$

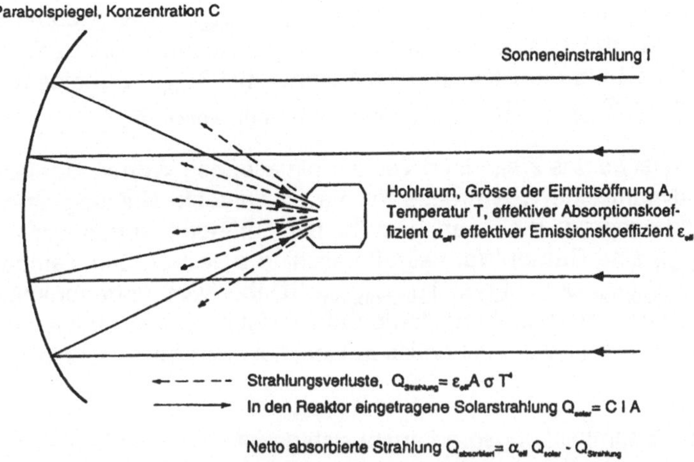

Abb. 4.31   Berechnung des Absorptionswirkungsgrades eines Hohlraumabsorbers
(Quelle: M. Schubnell).

Zur Berechnung des Absorptionswirkungsgrades modelliert man das absorbierende Reaktionsgefäss (Absorber, Receiver) als einen Hohlraum mit einer Öffnung A (senkrecht zur einfallenden Sonneneinstrahlung). Der Wärmefluss in den Absorber ist dann gegeben durch

$$Q_{solar} = C I A , \tag{4.17}$$

wobei C den Konzentrationsfaktor des Konzentrators bzw. des Konzentratorfeldes bedeutet.

Der heisse Hohlraum verliert Wärme durch Wärmestrahlung,

$$Q_{Strahlung} = \varepsilon_{eff} A \sigma T^4 . \tag{4.18}$$

Die netto absorbierte Wärme ist gegeben durch

$$Q_{absorbiert} = \alpha_{eff} Q_{solar} - Q_{Strahlung} , \tag{4.19}$$

wobei α_{eff} und ε_{eff} die effektiven Absorptions- und Emissionskoeffizienten bedeuten.

Der Wirkungsgrad $\eta_{Absorption} = Q_{absorbiert} / Q_{solar}$ hängt somit von der Temperatur im Receiver ab. Nimmt man den Absorber als perfekt isoliert an, so erreicht er die Gleichgewichtstemperatur T_{max}. Bei dieser Temperatur ist $\alpha_{eff}\, Q_{solar} = Q_{Strahlung}$ und damit $\eta_{Absorption} = 0$.

Natürlich ist es das Ziel, einen Teil der einfallenden Wärme zu nützen. Die thermodynamische Obergrenze für die effizienteste Nutzung ist der Carnot-Wirkungsgrad, d.h. man betreibt mit der netto verfügbaren Wärme $Q_{absorbiert}$ eine Carnot-Wärmekraftmaschine zwischen den Temperaturen $T_H = T_{Absorber}$ und $T_L = T_{Umgebung}$. (Dabei wird angenommen, dass die Nutzung bei Umgebungstemperatur erfolgt. Eine Verallgemeinerung für eine spezifische solarchemische Reaktion wird im Abschnitt 4.5.5 diskutiert.)

Für den Gesamtwirkungsgrad ergibt sich damit

$$\eta_{gesamt,ideal}(T_H) = \eta_{Absorption}(T_H) \cdot \left\{ 1 - \frac{T_L}{T_H} \right\} . \tag{4.20}$$

Für jede Kombination der Parameter ergibt sich durch Differenzieren eine optimale Prozesstemperatur $T_H = T_{opt}$.

Beispiel:
Sonneneinstrahlung	I	$= 900\ \text{W m}^{-2}$
Absorptionskoeffizient	α_{eff}	$= 1$
Emissionskoeffizient	ε_{eff}	$= 1$
Umgebungstemperatur	T_L	$= 298\ \text{K}$.

Als Funktion der Konzentration C können jetzt T_{max} und T_{opt} bestimmt werden.

Tab. 4.4 Konzentrationsabhänigkeit der maximal erreichbaren Gleichgewichtstemperatur und der optimalen Temperatur für höchsten Wirkungsgrad eines solarchemischen Prozesses

Konzentration C	$T_{max}\ /\ K$	$T_{opt}\ /\ K$
1000	1996	1293
3000	2627	1583
5000	2985	1742
8000	3357	1903
10000	3549	1985

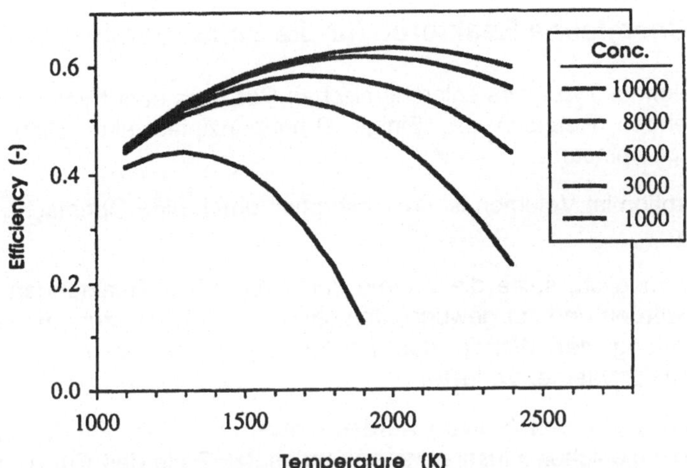

Abb. 4.32 Maximalwerte des Gesamtwirkungsgrades als Funktion der Konzentration der Solarstrahlung und der Absorbertemperatur (aus Ref. [10]).

Im idealisierten Modell wird die Temperatur im Receiver auf T_{opt} eingestellt, indem man die Carnot-Maschine so dimensioniert, dass sie gerade die netto verfügbare Energie aufnimmt.

In der Solarchemie strebt man an, bei $T = T_{opt}$ die endotherme chemische Reaktion durchzuführen, mit deren Hilfe Energie gespeichert werden soll. Vom Standpunkt der Chemie ist der Gesamtwirkungsgrad bestimmt durch die in den Reaktanden (d.h. den produzierten Brennstoffen) gespeicherte freie Enthalpie,

$$\eta_{gesamt} = \frac{-\Delta G_{\text{Re}ak\tan den \rightarrow \Pr odukte}}{Q_{solar}} . \tag{4.21}$$

Dieser Wirkungsgrad hängt (selbst bei idealer reversibler Prozessführung) von vielen Einzelheiten des solarchemischen Prozesses ab (s.u.). Man kann zeigen, dass der oben für die Carnot-Maschine hergeleitete Wirkungsgrad eine obere Grenze darstellt.

4.5.3 Chemische Reaktoren für die Solarchemie

Der geeignete Typ eines solarchemischen Reaktors hängt von der zu untersuchenden Reaktion ab. Einige Grundprinzipien sind allen Auslegungen gemeinsam.

- Absorption im Volumen ist der Absorption durch eine Oberfläche vorzuziehen.

- Wenn möglich, sollte die Wärme direkt durch die Reaktanden absorbiert werden und zur gewünschten chemischen Umsetzung führen. Die Erwärmung der Wände des Reaktionsgefässes ist zu minimieren (Materialprobleme, Verluste).

- Feste Reaktanden (Pulver) werden entweder in Batch-Verfahren oder in kontinuierlichen Flussreaktoren umgesetzt. Falls das Pulver zusammen mit einem Trägergas in den Reakionsraum eingeführt wird, erfordert das Aufheizen des Trägergases einen Teil der verfügbaren Solarwärme. Deshalb sollte der Anteil des Trägergases möglichst klein bzw. die Beladung mit Feststoff möglichst gross gehalten werden (Zielwerte 1 kg Feststoff pro kg Gas).

- Der Globalprozess startet mit Ausgangsmaterialien bei Umgebungstemperatur und endet mit Produkten bei Umgebungstemperaur, in denen die Sonnenenergie gespeichert ist. Im Ausdruck für den Gesamtwirkungsgrad ist deshalb die Grösse $\Delta G_{\text{Reaktanden} \rightarrow \text{Produkte}}$ bei Umgebungstemperatur zu berechnen. In der Praxis besteht der Prozess (u.a.) aus dem Aufheizen des Reaktionsgemisches, der chemischen Umsetzung und dem Abkühlen der Produkte. Hohe Wirkungsgrade werden nur erreicht, wenn beim Abkühlen die (sog. 'fühlbare') Wärme zurückgewonnen werden kann (z.B. in einem Wärmetauscher zum Erhitzen des Reaktandenstromes verwendet wird). Schlagartiges Abkühlen der Produkte, sog. Quenchen, führt zu Energieverlusten.

- Alle Zusatzaggregate (Materialkonditionierung, Förderung, Verdichtung, Produktseparation) erfordern Energie und beeinflussen die globale Energiebilanz des Verfahrens negativ.

- Prozesse, die unter atmosphärischen Bedingungen durchgeführt werden können, sind tendenziell günstiger als solche, welche ein Schutzgas oder erhöhten / verringerten Druck erfordern.

- Wenn die Reaktion in einem geschlossenen Reaktor mit Lichtein-kopplung durch ein Fenster durchgeführt wird, muss die Ablagerung fester Teilchen auf dem Fenster verhindert werden.

Für Prozesse, die an der offenen Atmosphäre ausgeführt werden können, führen diese Überlegungen zum Konzept des atmosphärisch offenen 'Pulverwolkenreaktors' (Abbildung 4.33). Falls der Prozess in sauerstofffreier Atmosphäre durchgeführt werden muss, ist der Abschluss des Reaktors durch ein Fenster erforderlich.

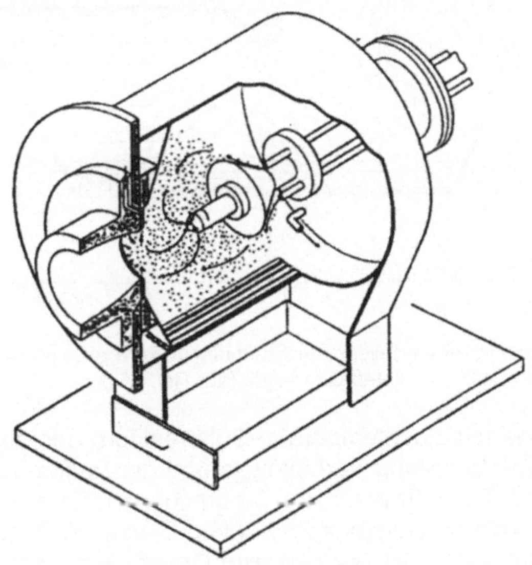

Abb. 4.33 Schemazeichnung eines Pulverwolkenreaktors für die Solarchemie (aus Ref. [15]).

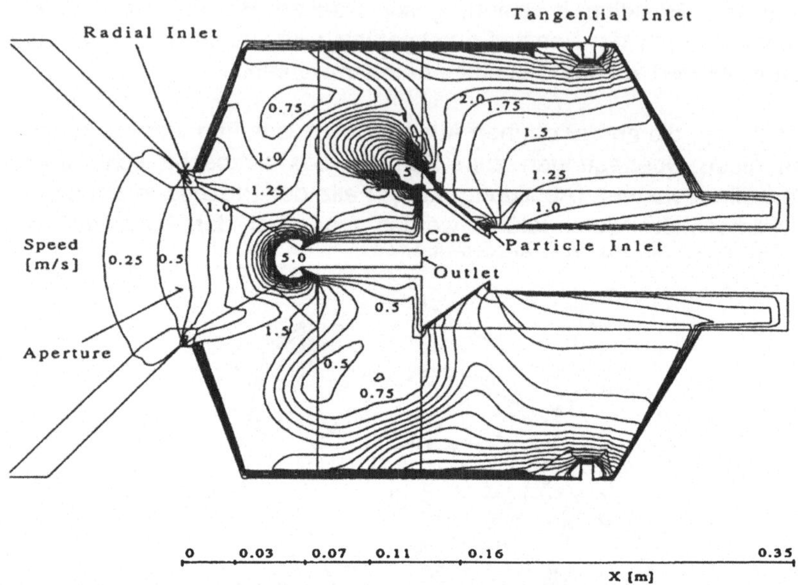

Abb. 4.34 Geschwindigkeitsverteilung der Strömung im Pulverwolkenreaktor mit der in Abbildung 4.33 gezeigten Geometrie (aus Ref. [15]).

Die Auslegung eines Hochtemperatur-Solarreaktors erfordert eine detaillierte Analyse der Strömungsverhältnisse und der (aufgrund der Sonneneinstrahlung und der Auftriebskräfte) inhomogenen Temperaturverteilung. Dazu werden moderne Computational Fluid Dynamics Codes eingesetzt. Die Abbildungen zeigen als Beispiel eine Geschwindigkeitsverteilung und eine Temperaturverteilung in einem atmosphärisch offenen 'Pulverwolkenreaktor'. Das konusförmige Volumen vor der Öffnung ist kein materieller Ansatz, sondern dient zur Definition des Gitters, auf welchem das Ansaugen von Luft durch die Apertur berechnet wird.

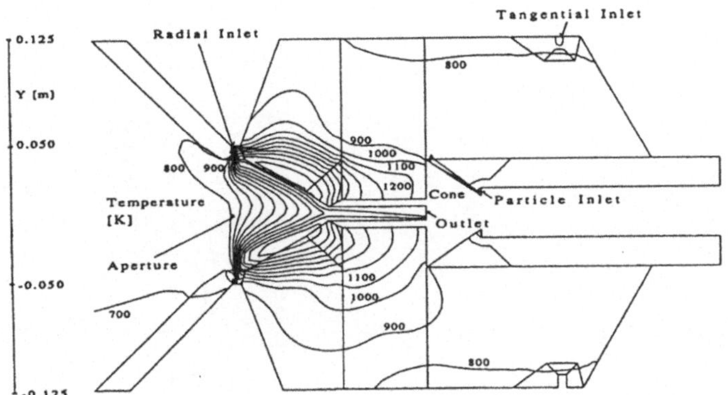

Abb. 4.35 Temperaturverteilung im atmosphärisch offenen Pulverwolkenreaktor.
Bei der Simulation wird die einfallende Solarstrahlung durch eine volume-
trische Wärmequelle mit 3.3 kW Leistung (6 MW/m³) angenähert, die sich in
der heissen Zone zwischen der Apertur und dem Absaugrohr (Outlet) befindet
(aus Ref. [15]).

4.5.4 Solare Kalzinierung

Die Zementherstellung ist ein energieintensiver Prozess und trägt weltweit
ca. 5 % zum anthropogenen CO_2 - Ausstoss bei. Pro kg Klinker werden
(je nach Verfahren und Herstellungsstandards) 0.9 - 1.2 kg CO_2 emittiert.
Davon stammen 0.5 kg aus der 'Entsäuerung' des Kalksteins
(Kalzinierung),

$$CaCO_3 \Rightarrow CaO + CO_2 , \tag{4.22}$$

und sind somit unvermeidlich. Der Rest entsteht aus den für die Gewinnung von Prozesswärme verwendeten fossilen Brennstoffen. Hier sind
Einsparungen möglich, wenn ein Teil des Brennstoffs durch Sonnenenergie ersetzt werden kann.

Zwei Hauptschritte der Zementproduktion sind die Kalzinierung (bei ca.
1000 °C) und die Klinkerherstellung aus CaO, SiO_2, Al_2O_3 und anderen
Oxiden im Drehrohrofen bei typische 1400 °C. Einsatzmöglichkeiten für
Sonnenenergie werden bei der Kalzinierung und verschiedenen
Trocknungsschritten gesehen.

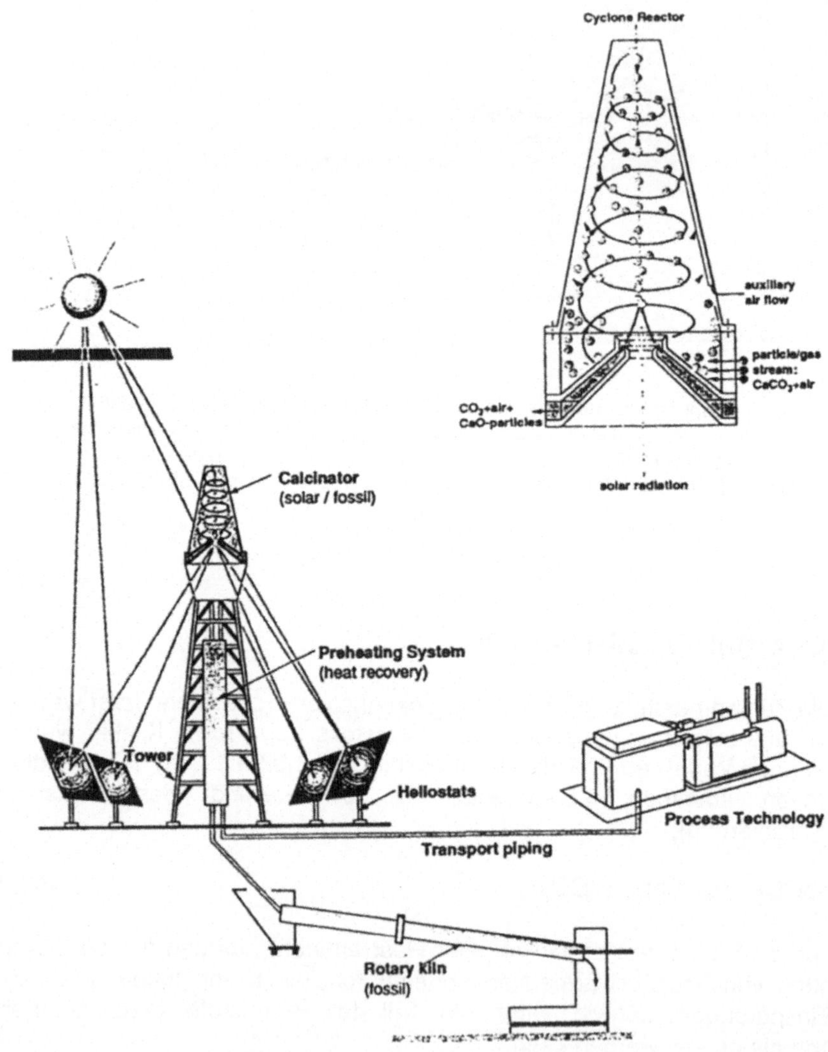

Abb. 4.36 Prinzipschema einer Anlage für die solare Kalzinierung (Quelle: A. Imhof).

4.5.5 Metalloxid-Zyklen

Die Reduktion von Metalloxiden liefert weitere grosse Beiträge zur CO_2 - Emission.

Tab. 4.5 Anteil einiger grosstechnischer Prozesse an den globalen CO_2-Emissionen

	Jahresproduktion	jährliche CO_2-Emissionen	Anteil am anthropogenen CO_2
Eisen (Hochofenprozess)	505×10^9 kg	1.11×10^{12} kg	5.4 %
Aluminium (Hall-Elektrolyse)	14×10^9 kg	0.52×10^{12} kg	2.5 %
Zink (Elektrolyse 85%, Schmelzofen 15%)	6×10^9 kg	0.07×10^{12} kg	0.3 %
Synthesegas (Dampf-Reformierung Erdgas)	2×10^{11} m^3	0.30×10^{12} kg	1.4 %
Gesamte anthropogene CO_2-Emissionen 1990		20.7×10^{12} kg	

Für den Einsatz von Sonnenenergie wurden drei Möglichkeiten formuliert:

- Verringerung des Einsatzes fossiler Brennstoffe und damit der CO_2 - Emission bei der carbothermischen Reduktion

- Rein solare Spaltung des Oxids und Verwendung des Metalls

- Kreisprozesse zur Wasserspaltung, bei welchen das Metalloxid in Zyklen geführt wird (Produkte: Wasserstoff und Sauerstoff).

Carbothermische Reduktion
Die Reduktion eines Erzes mit Kohle entspricht der chemischen Gleichung

$$M_xO_y + y/2 \; C(s, \text{Graphit}) \;\Rightarrow\; x \, M + y/2 \; CO_2 \qquad (4.23)$$

Einerseits wirkt der Kohlenstoff als chemisches Reduktionsmittel. Andererseits wird technisch die fünf- bis zehnfache Menge an Kohle als Brennstoff eingesetzt, um die erforderlichen Prozesstemperaturen zu erreichen (typisch 1000 K - 2000 K). Hier liegt das Einsparungspotential durch den Einsatz der Sonnenenergie.

Die solarthermische Zersetzung von Oxiden folgt der Gleichung

$$M_xO_y \Rightarrow x\,M + y/2\,O_2\,. \qquad (4.24)$$

Bei Raumtemperatur ist ΔG für diese Reaktion i.a. stark positiv. Die Zersetzungstemperatur ist definiert als jene Temperatur, bei welcher ΔG gleich Null wird. Ein Screening der Zersetzungstemperaturen erlaubt eine einfache Vorauswahl von Materialien, die für die solare Reduktion in Frage kommen.

Oxide wie CaO, MgO, Al_2O_3 und SiO_2 zersetzen sich erst bei Temperaturen oberhalb von 4000 K. Selbst bei einer Konzentration der solaren Einstrahlung um den Faktor 10'000 ('10'000 Sonnen') sind diese Temperaturen nicht erreichbar.

{Die auf die Erdoberfläche eintreffende solare Intensität ist 46'000 mal kleiner als die Energieflussdichte auf der Sonnenoberfläche. Bei einem Konzentrationsfaktor von 46'000 würde ein schwarzer Hohlraumabsorber die Temperatur $T_{max} = 5780$ K erreichen.}

Für die direkte Zersetzung zum Metall ist Zinkoxid ZnO mit einer Zersetzungstemperatur von 2350 K ein aussichtsreicher Kandidat.

Für andere Oxide wie Fe_2O_3, TiO_2, MnO_2 ist die Zersetzungstemperatur zum elementaren Metall ebenfalls sehr hoch, jedoch werden bei deutlich tieferen Temperaturen Zwischenstufen zu partiell reduzierten Oxiden durchlaufen:

$$TiO_2 \Rightarrow TiO \Rightarrow Ti \qquad (4.25)$$

$$Fe_2O_3 \Rightarrow Fe_3O_4 \Rightarrow FeO \Rightarrow Fe \qquad (4.26)$$

$$MnO_2 \Rightarrow Mn_2O_3 \Rightarrow Mn_3O_4 \Rightarrow MnO \Rightarrow Mn \qquad (4.27)$$

Metalloxid - Kreisprozesse für die Wasserspaltung

Die direkte Spaltung von Wasser mit Sonnenlicht gemäss der Gleichung

$$H_2O\,(g) \Rightarrow H_2\,(g) + \tfrac{1}{2}\,O_2\,(g) \qquad (4.28)$$

erfordert extrem hohe Temperaturen um 3500 K. Ausserdem würden H_2 und O_2 als ein hochreaktives Gasgemisch anfallen.

Kreisprozesse setzen sich zum Ziel, die Produktion von H_2 und O_2 räumlich und zeitlich zu trennen und gleichzeitig die erforderlichen Prozesstemperaturen zu erniedrigen. Für ein einfaches Oxid MO (Beispiel ZnO) ergeben sich folgende Reaktionsgleichungen.

$$\text{Schritt 1: } \quad MO \Rightarrow M + \tfrac{1}{2} O_2 \qquad \text{endotherme solarthermische Reduktion bei hoher Temperatur im Solarreaktor.} \tag{4.29}$$

$$\text{Schritt 2: } \quad M + H_2O \Rightarrow MO + H_2 \qquad \text{exotherme Wasserspaltungsreaktion bei niedrigerer Temperatur.} \tag{4.30}$$

$$\text{Summe } \quad H_2O \Rightarrow H_2 + \tfrac{1}{2} O_2. \tag{4.31}$$

Für den experimentell intensiv untersuchten Eisenoxidzyklus lauten die entsprechenden Gleichungen:

$$\text{Schritt 1: } \quad Fe_3O_4 \Rightarrow 3\,FeO + \tfrac{1}{2} O_2 \qquad T = 2500\ K \tag{4.32}$$

$$\text{Schritt 2: } \quad 3\,FeO + H_2O \Rightarrow Fe_3O_4 + H_2 \qquad T = 900\ K. \tag{4.33}$$

Der gesamte Prozess *(Produktion von solarem Wasserstoff)* wurde in kleinem Massstab in geschlossenen Reaktoren unter reduziertem Druck demonstriert (Quarzrohrreaktor im Sonnenofen des PSI).

Im offenen Reaktor unter atmosphärischen Bedingungen stellt sich das Problem, dass das Produkt (FeO - Tröpfchen) gegenüber dem umgebenden und gleichzeitig produzierten Sauerstoff extrem reaktiv ist. Wenn man die Temperatur langsam absenkt, um die fühlbare Wärme zurückzugewinnen, so findet extensive Reoxidation des FeO statt. Um dies zu verhindern, müssen die Produkte rasch abgekühlt ('gequencht') werden. Mit diesem irreversiblen Schritt im Sinne der Thermodynamik sind ein Exergieverlust und damit eine Reduktion des Wirkungsgrades verbunden.

Das folgende Flussschema berücksichtigt alternativ zur Wasserspaltung auch die Möglichkeit, das reduzierte MO direkt in einer Brennstoffzelle zur Gewinnung elektrischer Energie zu verwenden. Hier fehlen häufig noch die technisch reifen Realisierungen.

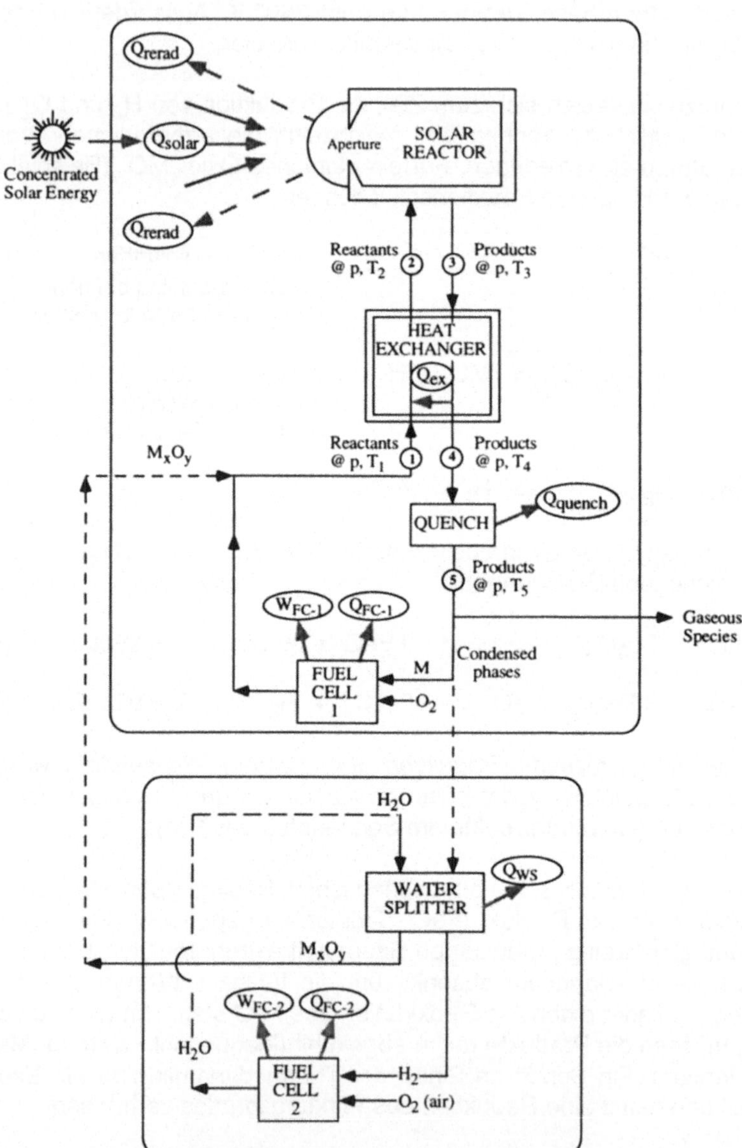

Abb. 4.37 Energieflusschema zur Berechnung des Wirkungsgrades eines solaren Kreisprozesses mit verschiedenen Nutzungsmöglichkeiten für die solaren Produkte (Quelle: A. Steinfeld).

Unabhängig von den Spezifika der Metalloxidchemie kann eine thermo-dynamische Analyse des Reaktionswirkungsgrades $\eta_{Reaktion}$ als Funktion der Temperaturen T_{endo} der endothermen Metalloxidreduktion und der Temperatur T_{exo} der exothermen Wasserspaltungsreaktion durchgeführt werden. Dabei wird angenommen, dass der bei T_{exo} erzeugte Wasserstoff ohne Wärmerückgewinnung auf Umgebungstemperatur $T_L = T_{Umgebung}$ abgekühlt und anschliessend in einer Brennstoffzelle zur Elektrizitäts-erzeugung genutzt wird. Diese Strategie liefert mehr elektrische Arbeit als der Betrieb einer Brennstoffzelle bei T_{exo} mit anschliessender irreversibler Abkühlung des Produktwassers.

Der Zyklus arbeitet zwischen drei Temperaturen, der resultierende Wir-kungsgrad $\eta_{Reaktion}$ unterscheidet sich deshalb vom einfachen Carnot-Wirkungsgrad in Gl. (4.20). Er ist gegeben durch

$$\eta_{Reaktion} = \left(1 - \frac{T_{exo}}{T_{endo}}\right)\left(\frac{T^* - T_L}{T^* - T_{exo}}\right), \qquad (4.34)$$

wobei $T^* = \Delta H_f (H_2O) / \Delta S_f (H_2O)$ die Gleichgewichtstemperatur der ther-mischen Zersetzung von Wasser bedeutet.

Aus der Abbildung 4.38 erkennt man drei Tendenzen:

- T_{endo} sollte möglichst hoch sein (vgl. aber Absorptionswirkungsgrad, Abschnitt 4.5.2).

- Die Differenz zwischen T_{endo} und T_{exo} (d.h. jener Temperatur, bei wel-cher die exotherme Reaktion mit akzeptabler Geschwindigkeit durch-geführt werden kann) sollte möglichst gross sein.

- Der Absolutwert von T_{exo} sollte möglichst niedrig sein, denn die Ab-wärme aus der Abkühlung des Wasserstoffs vor dessen Nutzung in der Brennstoffzelle wurde als nicht nutzbar betrachtet.

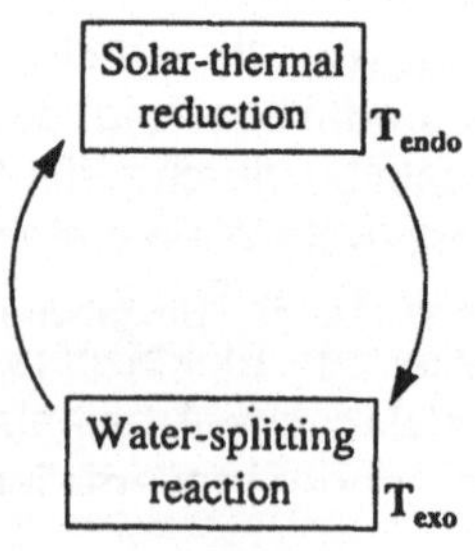
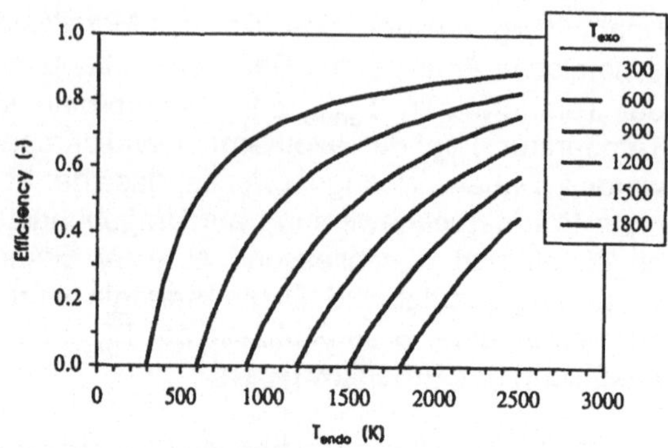

Abb. 4.38 Maximaler Reaktionswirkungsgrad $\eta_{Reaktion}$ der Wasserspaltungsreaktion nach Gl. (4.34) als Funktion der Temperaturen des endothermen und des exothermen Reaktionsschrittes (Quelle: P. Nüesch).

4.5.6 Kombination von Metalloxid-Reduktion und Methan-Reforming

Die in Abschnitt 4.5.1 genannten Reformierungsreaktionen sind endotherm und benötigen eine Sauerstoffquelle (gewöhnlich H_2O). In einem neuen Konzept einer solarchemischen Reduktion wird der Sauerstoff einem Metalloxid entnommen, welches gleichzeitig zum Metall reduziert wird.

$$\text{Schritt 1:} \quad MO + CH_4 \Rightarrow M + CO + 2\,H_2 \quad T_1 \tag{4.35}$$

$$\text{Schritt 2:} \quad M + H_2O \Rightarrow MO + H_2 \quad \text{Wasserspaltung} \tag{4.36}$$

$$\text{Schritt 3:} \quad CO + 2\,H_2 \Rightarrow CH_3OH \quad \text{Methanolsynthese.} \tag{4.37}$$

Schritt 1 für sich ersetzt die carbothermische Reduktion von MO (Einsatz von Methan als Reduktionsmittel, statt Verbrauch von Kohlenstoff als Reduktionsmittel und Brennstoff) und die endotherme Dampfreformierung von Methan (ebenfalls Verbraucher fossiler Brennstoffe). Die erforderliche Energie wird durch die konzentrierte Sonnenstrahlung geliefert.

Die Minimaltemperatur T_1 für den Schritt 1 ist signifikant tiefer als diejenige der direkten solaren Zersetzung von MO   (z.B. für M = Zn: $T_1 = 1110$ K; $T_{Zersetzung} = 2350$ K).

Neben Schritt 2 (Wasserspaltung) kann auch die direkte Verwendung des produzierten Metalles M in Betracht gezogen werden (z.B. für Zn in einer Zn / Luft - Brennstoffzelle, vgl. Abbildung 4.39).

Schritt 3 stellt die Standardsynthese von Methanol dar, für welche technisch in grossem Massstab Synthesegas ($CO + 2\,H_2$) aus Erdgas hergestellt wird.

Gegenüber dem oben vorgestellten Schema der solaren Wasserstoffproduktion besitzt der Kombinationsprozess (Abbildung 4.39) den grundsätzlichen Nachteil, dass er Methan als fossilen Brennstoff benötigt. Vom Standpunkt der Markteinführung sprechen die einfachere Verfahrenstechnik (deutlich niedrigere Prozesstemperaturen) und die günstigere Ökonomie für die Forcierung von Hybridverfahren als Zwischenschritt vor der Einführung von Energieversorgungssystemen, welche ganz auf erneuerbaren Energien beruhen.

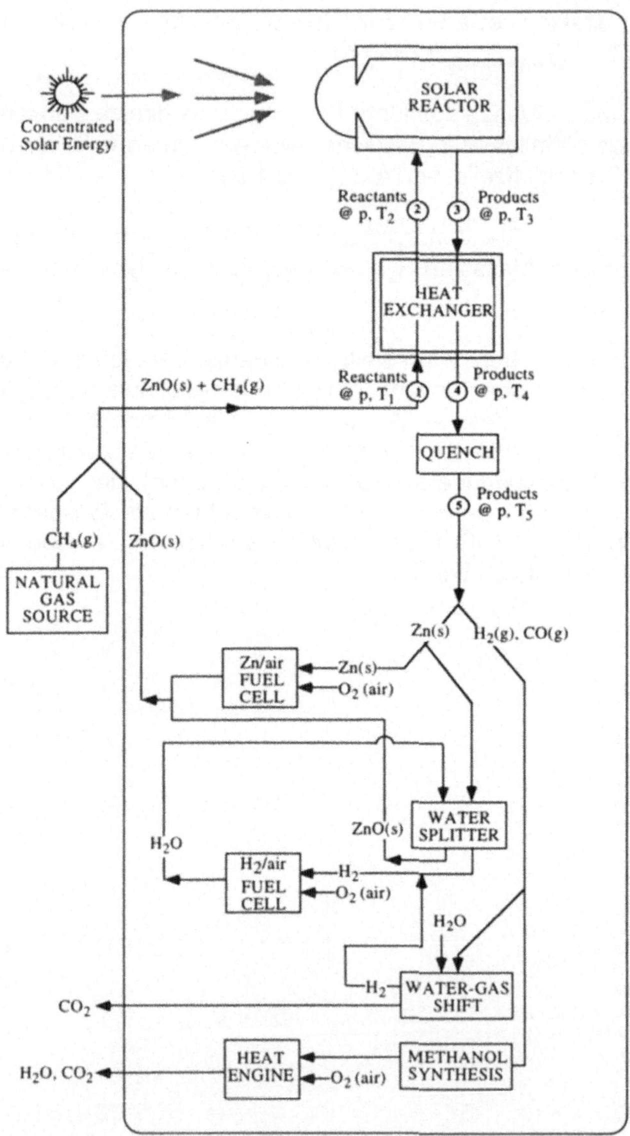

Abb. 4.39 Flussdiagramm des SYNMET-Prozesses für die solare Kooproduktion von Zink und Synthesegas aus Zinkoxid und Methan (aus Ref. [13]).

4.6 Photochemie

4.6.1 Molekulare Interpretation photochemischer Reaktionen

Grundsätzlich unterscheidet man drei Typen photochemischer Reaktionen.

- Bei einer adiabatischen Photoreaktion führt die optische Anregung direkt in einen dissoziativen bzw. repulsiven Zustand (nach der Anregung ist kein Wechsel der Potentialfläche erforderlich).

- Bei einer diabatischen Photoreaktion findet nach der Anregung ein strahlungsloser Übergang auf eine andere Potentialfläche statt, auf welcher das Molekül in die Geometrie der Produkte übergeht.

- Bei einer Reaktion aus dem heissen Grundzustand folgt auf die Aufnahme eines Photons die strahlungslose Rückkehr in den Grundzustand. Dabei wird die Photonenenergie in Schwingungsenergie umgewandelt. Das nunmehr 'heisse' Grundzustandsmolekül überwindet die Energiebarriere zu den Produkten.

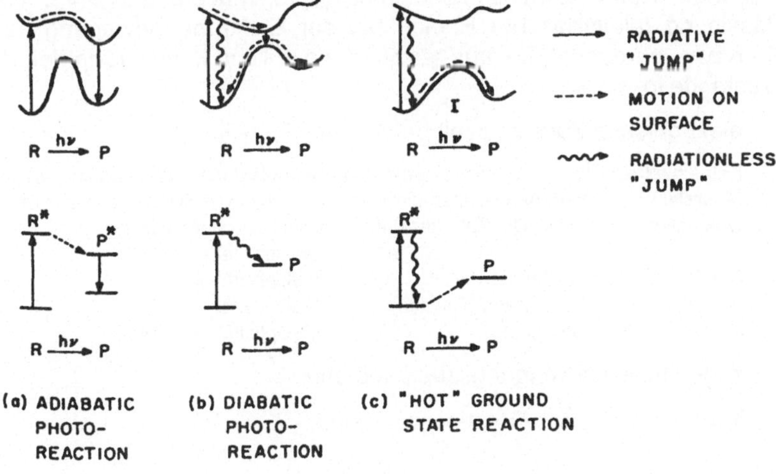

Abb. 4.40 Grundtypen photochemischer Reaktionen (aus Ref. [16]).

Das folgende Diagramm illustriert das beschriebene Verhalten nochmals detaillierter unter Einbezug von Zwischenprodukten im Grundzustand (I) bzw. im angeregten Zustand (I*).

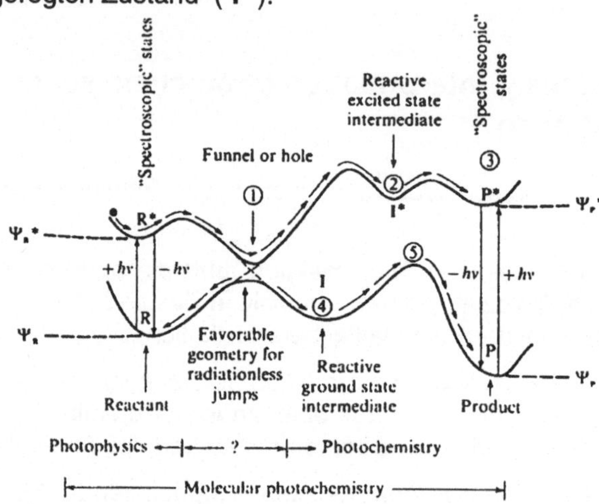

Abb. 4.41 Schematische Darstellung des Ablaufs photochemischer Reaktionen auf der Energiefläche (aus Ref. [16]).

Elektronische Zustände von Molekülen werden i.a. unter der Annahme ruhender Kerne (Born-Oppenheimer-Approximation) und unter Vernachlässigung relativistischer Effekte bei der Elektronenbewegung beschrieben bzw. berechnet. Daraus resultiert die übliche Klassierung der Molekülzustände in

– elektronische Zustände mit definiertem Spin S

{Ein einzelnes Elektron besitzt einen Spindrehimpuls $s = 1/2$ (dimensionslos). In Mehrelektronensystemen werden die Spins der einzelnen Elektronen vektoriell zum Gesamtspin S addiert. Die Zahl der Subzustände berechnet sich als

Multiplizität $= 2S + 1$.

$S = 0$:	Singulettzustand,	Multiplizität $= 1$;
$S = 1/2$:	Dublettzustand (Radikal),	Multiplizität $= 2$;
$S = 1$:	Triplettzustand,	Multiplizität $= 3$; etc.}

– zugehörige Schwingungszustände und

– jeweils zugehörige Rotationszustände.

In dieser Näherung werden Übergänge zwischen Vibrationszuständen und zwischen elektronischen Zuständen gleicher Multiplizität durch die

Kernbewegung hervorgerufen (interne Konversion, internal conversion, IC).

Für Übergänge zwischen Zuständen verschiedener Multiplizität ist die Spin-Bahn-Kopplung verantwortlich (intersystem crossing, ISC).

Strahlende Prozesse (Fluoreszenz und Phosphoreszenz), strahlungslose Prozesse (IC und ISC) sowie photochemische Reaktionen werden oft in einem Jablonski-Diagramm qualitativ oder quantitativ (mit energetischer Lage der Zustände) wiedergegeben.

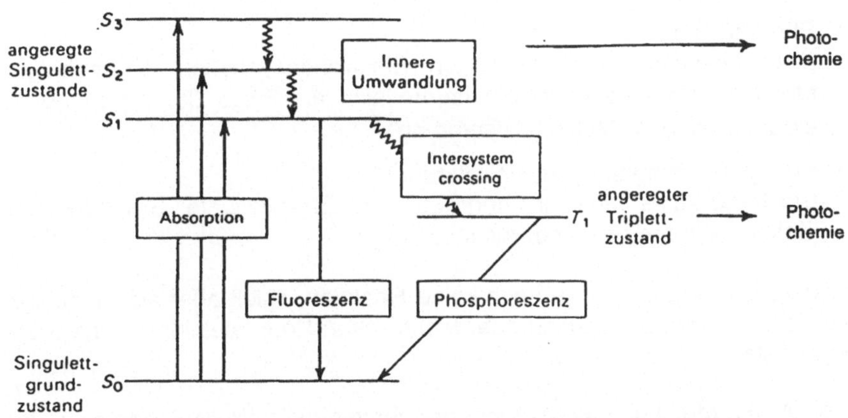

Abb. 4.42   Jablonski-Diagramm zur Klassifizierung photophysikalischer und photochemischer Primärprozesse (aus Ref. [19]).

4.6.2 Grundtypen photochemischer Reaktionen

Nach dem ersten Schritt der photochemisch induzierten Reaktion unterscheidet man folgende Grundtypen.

- Elektronenübertragung
  Das angeregte Molekül gibt ein Elektron ab bzw. nimmt ein Elektron auf.

- Bindungsspaltung
  Im angeregten Molekül bricht eine Bindung
  homolytisch   (unter Ausbildung von zwei radikalischen Bruchstücken)

oder

heterolytisch   (unter Bildung zweier ionischer Fragmente).

- Wasserstoffabstraktion
  Der angeregte Chromophor abstrahiert ein H-Atom
  intramolekular   (aus einem anderen Teil desselben Moleküls)
  intermolekular   (von einem anderen Molekül).

- Umlagerung
  Als Folge der Anregung wandern Methylgruppen zwischen möglichen
  Bindungsstellen, die Verknüpfungsstellen von Ringen verschieben sich,
  etc.

- Photoaddition
  Zwei Moleküle mit konjugierten Elektronensystemen ('ungesättigte'
  Moleküle mit π - Bindungen) lagern sich als Folge der Anregung zu
  einem grösseren Molekül zusammen.

- Energieübertragung (Sensibilisierung)
  Ein angeregtes Molekül überträgt seine Energie unter Erhaltung des
  Gesamtspins auf ein anderes Molekül.

Sensibilisierung ist per se noch keine Reaktion, spielt aber als Zwischenschritt bei vielen natürlichen oder technischen Photoreaktionen eine wichtige Rolle.

Sei A ein Molekül, das mit Licht der verwendeten Wellenlänge bzw. des
verwendeten Spektrums (z.B. Sonnenlicht) nicht angeregt werden kann,
weil sein erster angeregter Singulettzustand S_1 energetisch zu hoch
liegt.

Zugegeben wird ein Donormolekül D (Sensibilisator), das bei der verwendeten Wellenlänge absorbiert. Eine weitere Voraussetzung ist folgende energetische Reihung der ersten angeregten Triplettzustände:

$$E_{T_1}(D) > E_{T_1}(A) \, . \tag{4.38}$$

Dann kann folgende Reaktionskaskade stattfinden:

$$D(S_0) \xrightarrow{\ h\nu\ } D(S_1) \tag{4.39}$$

$$D\,(S_1) \xrightarrow{\text{ISC}} D\,(T_1) \tag{4.40}$$

$$D\,(T_1) + A\,(S_0) \;\Rightarrow\; D\,(S_0) + A\,(T_1) \tag{4.41}$$

$$A\,(T_1) \;\Rightarrow\Rightarrow\; \text{Produkte} \tag{4.42}$$

Auf diese Weise kann A aus dem Triplettzustand photochemisch reagieren, obwohl die Substanz selbst die angebotene Strahlung nicht absorbiert. Der Sensibilisator wird im dritten Schritt regeneriert und wirkt somit als Photokatalysator.

4.6.3 Elektronenübertragungsreaktionen

Photooxidation: Das Substrat M überträgt nach der Anregung ein Elektron ('das angeregte Elektron') auf einen Akzeptor A.

$$M \xrightarrow{h\nu} M^* \tag{4.43}$$

$$M^* + A \;\rightarrow\; M^+ \;(\text{bzw. } M^{*+}) + A^- \tag{4.44}$$

Anschliessend reagiert M^+ weiter zu einem Oxidationsprodukt.

Photoreduktion: Das Substrat M abstrahiert nach der Anregung ein Elektron von einem Donor D ('das Elektron füllt die Lücke im halbgefüllten Oribtal').

$$M \xrightarrow{h\nu} M^* \tag{4.45}$$

$$M^* + D \;\rightarrow\; M^- \;(\text{bzw. } M^{*-}) + D^+ \tag{4.46}$$

Dabei kann der Partner (A, D) in der heterogenen Photokatalyse durchaus auch eine Halbleiteroberfläche sein.

Beispiele: Elektrolyt-Photovoltaikzelle
                  Photoelektrochemie
                  photochemische Wasserspaltung.

Elektronenübertragungsreaktionen sind wichtig in der Photosynthese, aber auch bei der solarchemischen Beseitigung von Schadstoffen durch Photooxidation.

Photosynthese

Die Aufklärung der Elementarschritte der Photosynthese hat seit der Röntgenstrukturanalyse des Reaktionszentrums durch Huber, Deisenhofer und Michel grosse Fortschritte gemacht. Die einzelne Zelle verfügt über ein System von Antennenpigmenten, in welchen eine optimierte Anordnung von Chromophoren (verknüpfte aromatische Kohlenwasserstoffe mit Absorptionsmaxima im gelben bis roten Spektralbereich) die einfallenden Photonen absorbiert und durch eine Energiekaskade die Reemission verhindert.

Die ersten Schritte der chemischen Energiespeicherung sind Elektronenübertragungen. Ein oxidiertes Mn-Zentrum nimmt ein Elektron von O^{2-} auf; in einer Reihe von Schritten entsteht O_2 (Transfer von vier Elektronen). Nikotinamid-adenin-dinukleotid-phosphat ($NADP^+$) wird reduziert und bindet ein Proton von einem Wassermolekül (Produkt NADPH). Dieser Ablauf wird in Abbildung 4.43 illustriert.

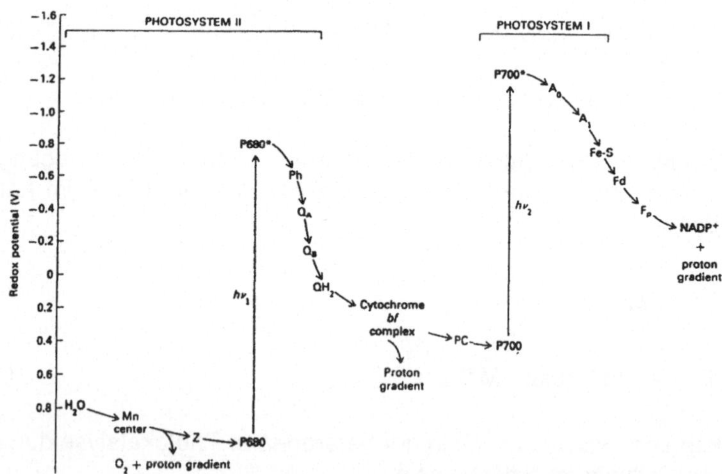

Abb. 4.43 Schematische Darstellung des Ablaufs der Photosysteme I (P700) und II (P680) der Photosynthese. Die Energieskala ist in eV angegeben; negative Werte bedeuten eine höhere Energie der Elektronen (aus Ref. [20]).

Auf der einen Seite der Thylakoid-Membran wird H_2O zu O_2 oxidiert, auf der anderen Seite $NADP^+$ zu NADPH reduziert. Dieses erste reduzierte Produkt nimmt im Calvin-Zyklus bei der Synthese von Fruktose eine zentrale Stelle ein (Abbildung 4.44).

Im Detail wird H_2O durch Mn(IV) oxidiert; das reduzierte Mn überträgt sein Elektron auf den Chromophor P680. Nachdem dieser mit Licht angeregt wurde (Photosystem II), überträgt er ein Elektron auf ein Pheophytin-Molekül; das Elektron wird weiter auf die Plastochinone Q_A, Q_B, QH_2 und schliesslich auf das Plastocyanin PC sowie den Chromophor P700 transferiert. Nach dessen optischer Anregung (Photosystem I) wird das Elektron schrittweise bis zum reduzierten Ferredoxin Fd übertragen. Dieses starke Reduktionsmittel dient schliesslich zur Reduktion von $NADP^+$.

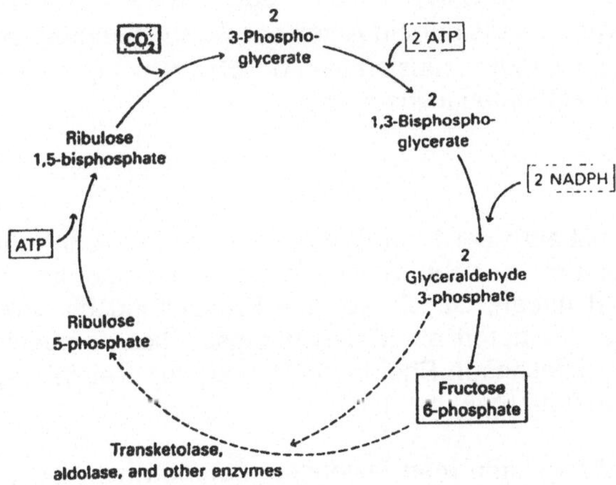

Abb. 4.44   Calvin-Zyklus der Photosynthese (aus Ref. [20]).

Die Bruttoreaktion der Photosynthese lautet vereinfacht

$$CO_2 + H_2O \Rightarrow (CH_2O) + O_2. \tag{4.47}$$

Dabei symbolisiert (CH_2O) die strukturelle Einheit eines Kohlehydrates (z.B. Zucker, Stärke). Bis zur Reduktionsstufe des Kohlehydrates (CH_2O) sind ebenfalls vier Elektronen erforderlich. Der Brennwert einer CH_2O-Einheit beträgt ca. 5 eV / Molekül ($\approx$ 500 kJ / mol bei einer Molmasse von 30 g / mol, d.h. $\approx$ 17 kJ / g $=$ 17 MJ / kg).

Experimente haben gezeigt, dass pro Zyklus (Produktion einer Einheit CH_2O) mindestens 8 Photonen mit einer Energie von $\geq 1.8\,\text{eV}\,/\,$Photon erforderlich sind. Bei Einstrahlung von rotem Licht beträgt die Quantenausbeute bezogen auf die absorbierten Photonen

$$\eta \approx (\text{Brennwert Produkt}) / 14.4\,\text{eV} \approx 0.35. \tag{4.48}$$

Dies entspricht etwa der Hälfte des maximalen (idealen) Wirkungsgrades, der entsprechend der Entropie des solaren Energieflusses auf die Erde erreicht werden kann (s.u.).

Bei Bestrahlung der Zelle mit dem Spektrum des Sonnenlichtes, welches die Erdoberfläche erreicht, sind die Photonen mit $\lambda > 700\,\text{nm}$ für die Photosynthese wirkungslos. Von den kürzerwelligen Photonen ($\lambda < 700\,\text{nm}$) wird jeweils nur ein Anteil der Quantenenergie entsprechend $1.8\,\text{eV}$ genutzt. Deshalb reduziert sich bei Bestrahlung mit weissem Licht die energetische Quantenausbeute auf

$$\eta \approx 0.10. \tag{4.49}$$

Die Quantenausbeute der Photosynthese ist hoch, wenn man sie auf die Zahl der Photonen bezieht, welche zu einem erfolgreichen Elementarereignis geführt haben. Ob ein solches Ereignis jedoch stattfindet, hängt von zahlreichen Faktoren ab (Beleuchtungsstärke, Kompetition zwischen Zellen um die einfallenden Photonen, Temperatur, Feuchtigkeit, CO_2-Konzentration, Nährstoffangebot, ...).

Überschlagsmässig kann man festhalten, dass etwa 2 % der auf der Erdoberfläche absorbierten Sonnenenergie für die Photosynthese genutzt werden, aber nur ca. 0.1 % als Brennwert der entstehenden Biomasse temporär gespeichert werden. Die darauf bezogene Quantenausbeute beträgt also

$$\eta < 0.05. \tag{4.50}$$

[gesamte Sonneneinstrahlung pro Jahr	1.534×10^{18} kWh	$= 5.5 \times 10^{24}$ J
absorbierter Anteil	51 %	$= 2.7 \times 10^{24}$ J
Anteil für die Photosynthese	1 %	$= 5.5 \times 10^{22}$ J
Brennwert von 100 Gt Biomasse	2000 EJ	$= 2 \ \times 10^{21}$ J].

Ein nochmals anderes Bild ergibt sich, wenn man die Quantenausbeute bei der Entstehung fossiler Energieträger betrachtet. Teilt man den Brennwert aller fossilen Energieträger durch die Energie des Lichtes, welche während ihrer Entstehungszeit für die Photosynthese absorbiert wurde, so ergeben sich Zahlen der Grössenordnung $\eta \approx 10^{-5}$.

Wasserstoffproduktion

Wie erwähnt, stehen in den ersten Schritten der Photosynthese übertragene Elektronen und Protonen zur Verfügung. Das Konzept der photobiologischen Wasserstoffproduktion besteht darin, an dieser Stelle den Ablauf der Reaktion so zu modifizieren, dass enzymatisch Wasserstoff produziert wird gemäss der Reaktion

$$e^- + H^+ \quad \Rightarrow \quad 1/2 \ H_2. \tag{4.51}$$

Die zu lösenden Probleme liegen auf zwei Ebenen.

(i)   Das (z.B. gentechnische) 'Umlenken' der Photosyntheseaktivität auf die Wasserstoffproduktion ist erst unvollständig realisiert.

(ii) Die Quantenausbeute muss von den oben genannten, niedrigen Globalwerten an den Maximalwert des Elementarschrittes ($\eta \approx 0.35$) angenähert werden.

Zusammenfassend kann festgehalten werden, dass die photobiologische Wasserstoffproduktion als Konzept interessant ist. Fragen der enzymatischen Selektivität, des Wirkungsgrades, der Technologie (Bioreaktoren) und der Lebenszyklenanalyse (Nährstoffbedarf) sind jedoch noch zu bearbeiten. Das Verfahren befindet sich im Forschungsstadium und kann noch nicht als Technologie zur Energieerzeugung eingesetzt werden.

4.6.4 Photochemische Spaltungsreaktionen

Die bedeutendste Klasse von Spaltungsreaktionen wird an Carbonylverbindungen beobachtet. Gesättigte Carbonylverbindungen absorbieren nicht im sichtbaren Spektralbereich. Die erste elektronische Anregung bei $\lambda \approx 200$ nm entspricht einem schwachen (weil gemäss Symmetrieauswahlregeln verbotenen) Übergang vom Grundzustand zum $^1(n\pi^*)$ -Zustand. Ein Elektron wird unter Erhaltung der Multiplizität von einem besetzten n-Orbital am Sauerstoff in ein unbesetztes π^* - Orbital der C=O - Bindung promoviert. Anschliessend folgt meist ein rascher strahlungsloser Übergang durch ISC in den $^3(n\pi^*)$ - Zustand.

Wie in Abschnitt 4.6.3 beschrieben, kann der $^3(n\pi^*)$ - Zustand auch durch Sensibilisierung erreicht werden.

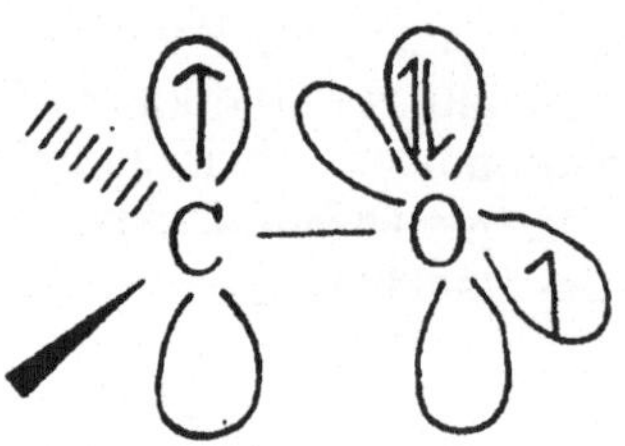

Abb. 4.45 Schematische Darstellung der Elektronenverteilung in den Orbitalen eines $^3(n\pi^*)$ - Zustandes.

Tab. 4.5 Mögliche Reaktionen ausgehend von den zwei einfach besetzten Orbitalen einer angeregten Carbonylgruppe

π - Orbital	n - Orbital
Atom - Abstraktion	Atom - Abstraktion
Radikal - Abstraktion	Radikal - Abstraktion
Elektronenabgabe	Elektronenaufnahme
β - Spaltung	α - Spaltung

Nach der Anregung zeigen Carbonylverbindungen hauptsächlich folgende Reaktionstypen (vgl. Tab. 4.5):

1.   Intermolekulare H-Abstraktion, dadurch Reduktion

$$\tag{4.52}$$

2. α - Spaltung   (Norrish Typ I - Reaktion)

$$R_1 - CO - R_2 \xrightarrow{h\nu} R_1 - CO \cdot\cdot R_2 \xrightarrow{-CO} R_1 \cdot\cdot R_2 \longrightarrow R_1 - R_2$$

$$\tag{4.53}$$

3.   Intramolekulare γ - H-Abstraktion gefolgt von β - Spaltung
      (Norrish Typ II - Reaktion),

$$\tag{4.54}$$

4.6.5 Photoadditionen, synthetische Photochemie

Photoadditionen können genützt werden, um komplexe Moleküle aus einfachen Bestandteilen aufzubauen. Sie spielen jedoch auch eine wichtige Rolle in der Photoreproduktionstechnik (Vernetzung von Photolacken induziert durch Belichtung).

Grundtypen:

- Addition einer σ - Bindung an eine π - Bindung

- Elektrocyclisierungen (Schliessen und Öffnen von Ringen)

- Cycloadditionen.

Addition einer σ - Bindung (HX) an eine π - Bindung:

$$R_1 - C = C - R_2 \; + \; H - X \; \xrightarrow{\;h\nu\;} \; R_1 - CH - CX - R_2 \,. \tag{4.55}$$

Ringöffnungsreaktionen (Cycloreversierungen) und Ringschliessungs-reaktionen:

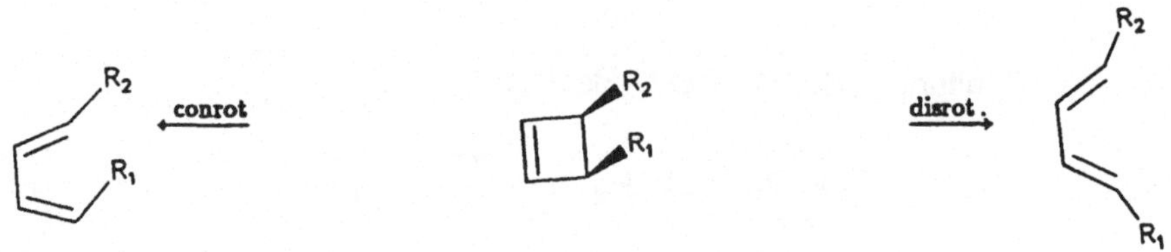

Abb. 4.46 Geometrie der Produkte von conrotatorischen und disrotatorischen
Ringöffnungsreaktionen.

Die Symmetrie bzw. der geometrische Verlauf dieser Reaktionsklasse kann mit Hilfe der von R.B. Woodward und S. Hoffmann aufgestellten Regeln vorausgesagt werden (vgl. z.B. [16]).

Bei 4 involvierten Elektronen kann aufgrund der Symmetrie-Auswahlregeln die conrotatorische Ringöffnung thermisch, die disrotatorische Ringöffnung photochemisch induziert werden.

Bei 6 involvierten Elektronen sind die symmetriebedingten Auswahlregeln umgekehrt (conrotatorische Ringöffnung photochemisch, disrotatorische Öffnung thermisch möglich).

Cycloadditionen:
Nach der Zahl der involvierten Elektronen unterscheidet man $(2\pi + 2\pi)$ -, $(2\pi + 4\pi)$ -, $(4\pi + 4\pi)$ - Reaktionen etc. Je nach Zahl der Elektronen gelten verschiedene Auswahlregeln. Eine wichtige Anwendung ist die Photovernetzung, in der zwei Olefingruppen benachbarter Moleküle zu einem Cyclobutanring kombinieren und damit die Moleküle verknüpfen.

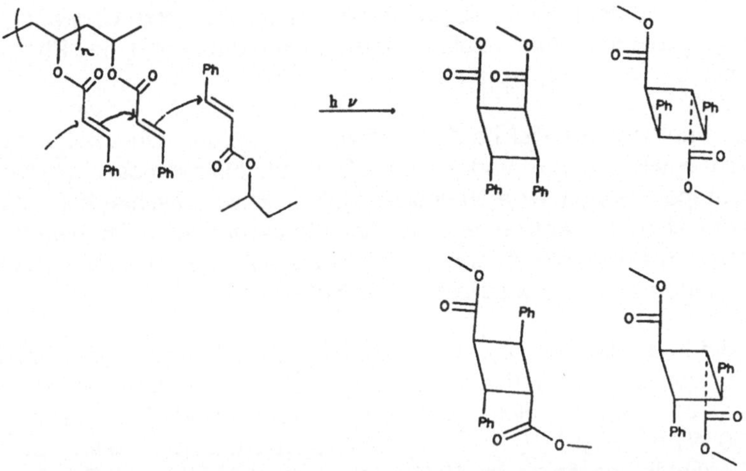

Abb. 4.47 Beispiele für die Geometrie der Vernetzungsprodukte von Zimtsäureestern aus $(2\pi + 2\pi)$ - Cycloadditionen.

4.6.6 Praxis der Photochemie

Als Lichtquellen kommen prinzipiell Sonnenlicht, Inkandeszenzlampen, Gasentladungslampen und Laser in Frage.

Laser weisen aufgrund ihrer schmalbandigen Emission die höchste spektrale Leistungsdichte auf und eignen sich deshalb für monochromatische Anregung. Die Leistungsdichte eines 10 W - Gaslasers auf seiner Emissionslinie beträgt typisch 1 W / GHz, diejenige einer Xenon-Gasentladungslampe mit einer Leistung von 1000 W beträgt typisch 10^{-3} W / GHz. Weitere Vorteile des Lasers sind hohe räumliche und zeitliche Kohärenz.

Pulslaser geben die Energie in kurzen Paketen ab (je nach Technik mit einer Länge von ns, ps oder fs). Ein Excimerlaser-Puls im UV mit einer Energie von 1 J und einer Länge von 10 ns entspricht einer Spitzenleistung von 100 MW. Fokussiert man diesen Puls auf eine Fläche von 1 mm², so erreicht man eine Leistungsdichte von 10 GW / cm². Damit können nichtlineare optische Effekte induziert und Mehrphotonenreaktionen ausgelöst werden.

Nachteile sind der hohe Preis pro Joule und der schlechte Umwandlungs-wirkungsgrad von der (elektrischen) Sekundärenergie in Photonen-energie.

In der Photochemie viel häufiger verwendet werden Quecksilberdampf-lampen sowie Xenon- und Krypton-Gasentladungslampen. Hg-Nieder-drucklampen haben eine intensive 'gelbe' Emissionslinie bei 579 nm; Mitteldrucklampen weisen eine Reihe intensiver Linien im blauen und violetten Spektralbereich sowie im nahen UV auf. Mit Xenon-Hoch-drucklampen wird ein sonnenähnliches Spektrum erhalten.

Wird die Intensität der Sonneneinstrahlung über den gesamten Spektral-bereich von der Absorptionskante des Ozons bis ins nahe Infrarot inte-griert, so ergibt dies den mehrfach erwähnten Wert von $< 1000 \, W / m^2 = 0.1 \, W / cm^2$. Konzentration um einen Faktor 100 bzw. 1000 ergibt Intensitäten von $10 \, W / cm^2$ bzw. $100 \, W / cm^2$. Das Problem der solaren Photochemie liegt also in den niedrigen Intensitäten, die durch grosse Flächen kompensiert werden müssen (Abbildung 4.48). Typisch rieselt die zu bestrahlende Lösung über ein Flachbett, das aus einem geeigneten Material mit hoher Oberfläche besteht (z.B. hochporöses TiO_2 bestehend aus 20 nm - Partikeln).

In industriellen photochemischen Reaktoren wird versucht, ein möglichst grosses Volumen der zu bestrahlenden Lösung der Lichtquelle auszu-setzen. Eine günstige Anordnung besteht aus konzentrischen Zylindern. Die Lichtquelle befindet sich im Zentrum und ist von einem Kühlmantel umgeben, um Erwärmung der Lösung und dadurch ausgelöste thermische Reaktionsanteile zu vermeiden. Diese Lichtquelle taucht in die Reaktions-lösung ein, bzw. diese fliesst als Film auf dem Quarzmantel herab (Abbildung 4.49).

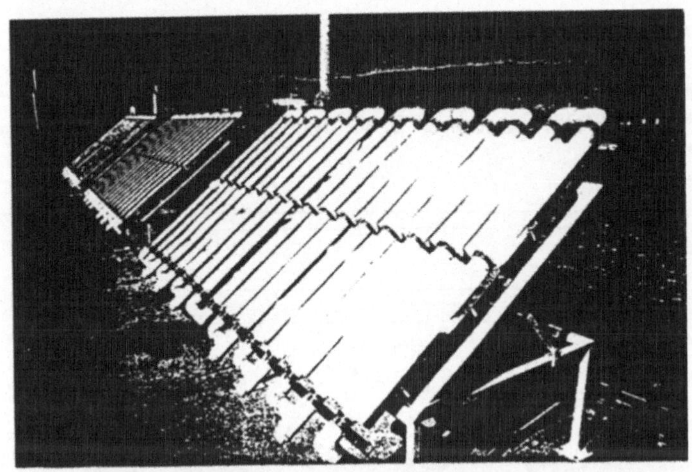

Abb. 4.48 CPC-Kollektorfeld für solare Schadstoffzerstörung (Plataforma Solar Almeria, Spanien).

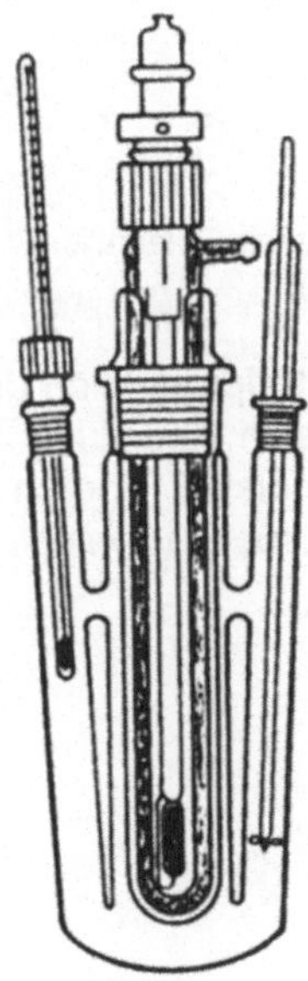

Abb. 4.49 Quarzapparatur für Photolysen.

4.6.7 Heterogene Photochemie, Photokatalyse

Das Prinzip wurde bereits bei den Elektronenübertragungsreaktionen diskutiert. Als Elektronendonor bzw. -Akzeptor fungiert eine Halbleiteroberfläche.

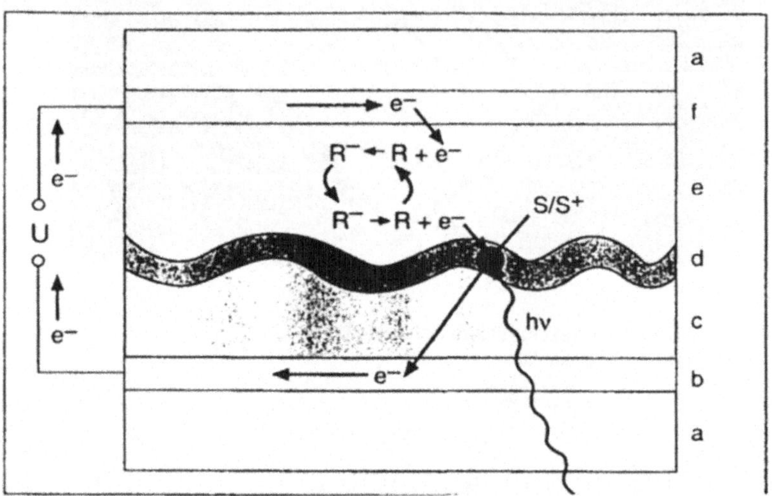

Abb. 4.50 Prinzip der Farbstoffinjektions-Solarzelle (S: Sensibilisator, Farbstoff; R: Redox-Transferagens).

Die photochemische Wasserstoffproduktion auf einem platinbeschichteten Halbleiter verläuft ähnlich, wie in Abbildung 4.51 gezeigt. Die Schwierigkeit besteht darin, das Donormolekül D durch Reaktion von D^+ mit Wasser unter Sauerstoffentwicklung zurückzugewinnen.

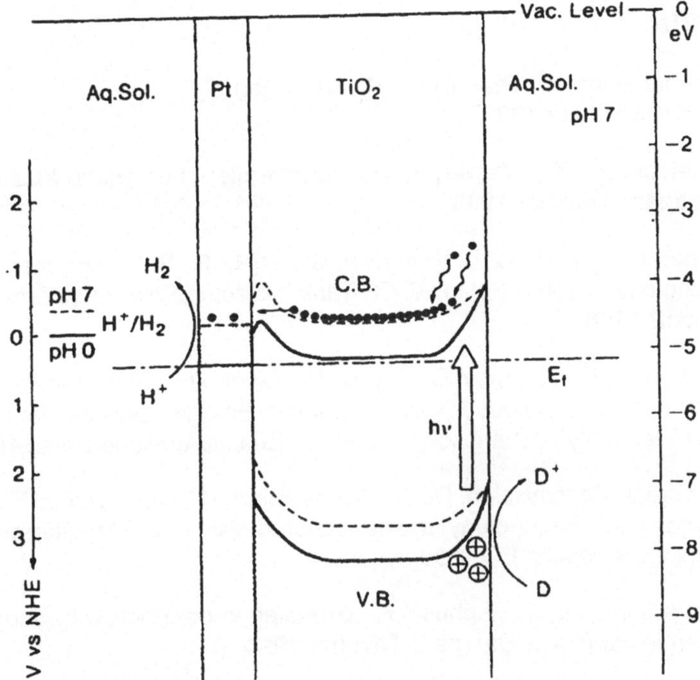

Abb. 4.51 Schematische Darstellung der halbleiterunterstützten photochemischen Wasserstoffproduktion auf einer Energieskala.

Literatur

[1] Khartchenko, N.: Thermische Solaranlagen.
     Berlin: Springer 1995

[2] Goetzberger, A., Wittwer, V.: Sonnenenergie: Thermische Nutzung.
     Stuttgart: Teubner 1993

[3] Tyner, C.E., Kolb, G.J., Meinecke, W., Trieb, F.: Solar Thermal
     Electricity in 1999. SolarPACES Task I: Electric Power Systems
     Report 1998

[4] De Laquill, P., Kearney, D., Geyer, M., Diver, R.: Solar Thermal
     Electricity Technology. Proc. 'Renewable Energy - Sources for Fuels
     and Electricity', Johansson, T.B. et al., Eds.. CA: Island Press 1993

[5] European Commission, DG I : Assessment of Solar Thermal Trough
     Power Plant Technology and its Transferability to the Mediterranean
     Region. Brussels: EC 1996

[6] Wagemann, H.-G., Eschrich, H.: Grundlagen der photovoltaischen
     Energiewandlung. Stuttgart: Teubner 1994

[7] Goetzberger, A., Voss, B., Knobloch, J.: Sonnenenergie:
     Photovoltaik, Stuttgart: Teubner 1997

[8] Lasnier, F., Ang, T.G.: Photovoltaic Engineering Handbook.
     Bristol: Adam Hilger, IOP Publishing 1990

[9] Hoffmann, V.U.: Photovoltaik - Strom aus Licht. Zürich: vdf 1996

[10] Steinfeld, A., Schubnell, M.: Solar Energy 50, 19, 1993

[11] Steinfeld, A., Kuhn, P., Reller, A., Palumbo, R., Murray, J.,
      Tamaura, Y.: Solar-Processed Metals as Clean Energy Carriers and
      Water-Splitters, Hydrogen Energy Progress XI, pp. 601 - 609, 1996

[12] Steinfeld A.: Energy Conversion Efficiency of the 2-Step Solar Water
      Splitting Cycle Using Fe_3O_4 / FeO. Villigen: PSI report, 1996

[13] Steinfeld, A., Larson, C., Palumbo, R., Foley, M.: Thermodynamic
      Analysis of the Co-production of Zinc and Synthesis Gas Using Solar
      Process Heat, Energy 21, 205 - 222, 1996

[14] Murray, J.P., Steinfeld, A., Fletcher, E.A.: Metals, Nitrides, and
      Carbides via Solar Carbothermal Reduction of Metal Oxides, Energy
      20, 695 - 704 1995

[15] Meier, A., Ganz, J., Steinfeld, A.: Modeling of a Novel High-
      Temperature Solar Chemical Reactor, Chem. Eng. Sci. 51, 3181 -
      3186, 1996

[16] Turro, N.J.: Modern Molecular Photochemistry. Mill Valley, California:
      University Science Books 1991

[17] Balzani, V., Scandola, F.: Supramolecular Photochemistry.
      New York: Ellis Harwood 1991

[18] SolarPACES Task II Status Report on Solar Detoxification.
      Villigen: PSI Report 1996

[19] Moore, W.J.: Grundlagen der physikalischen Chemie.
      Berlin: de Gruyter 1990

[20] Stryer, L.: Biochemistry. New York: Freeman 1988

5 Windenergie

5.1 Technik der Windnutzung

Die Nutzung der Windenergie für mechanische Antriebe ist eine alte Technik; in Persien wurde eine Windmühle aus dem Jahre 200 v.Chr. gefunden.

Windkraftanlagen lassen sich nach verschiedenen Kriterien einteilen, z.B. nach der Art der Windumwandlung oder nach der Anordnung der Drehachse.

Windumwandlung

Ein 'Widerstandsläufer', die einfachste Bauart von Windenergieanlagen, nutzt die Widerstandskraft, welche eine Rotorfläche in einer Luftströmung erfährt. Ein Beispiel ist der in Abbildung 5.1 gezeigte Savonius-Rotor.

'Auftriebsläufer' nutzen die Auftriebskraft, die am Rotorflügel entsteht. Moderne Rotorblätter sind daher wie Flugzeugtragflächen aerodynamisch gestaltet.

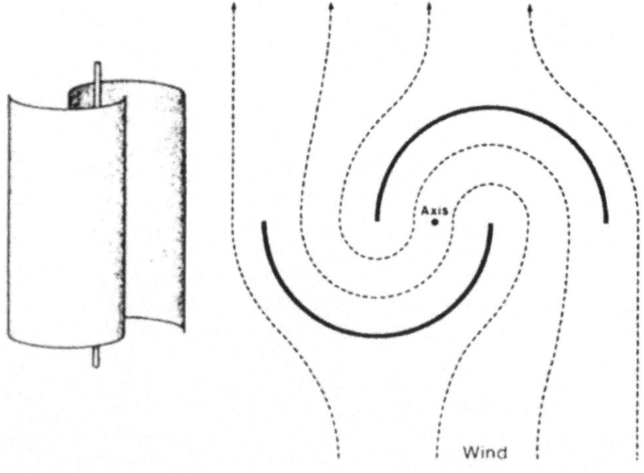

Abb. 5.1 Funktionsprinzip des Savonius-Rotors (aus Ref. [1]).

Anordnung der Rotorachse

Grundsätzlich kann die Rotorachse vertikal oder horizontal angeordnet werden. Zum ersten Typus gehören der Savonius-Rotor und der Darrieus-Rotor (Abb. 5.2). Sie bieten den Vorteil, dass eine Ausrichtung auf die Windrichtung entfällt. Die Konstruktion des Turmes und die Verankerung des Rotors ist relativ einfach. Im Falle des Darrieus-Rotors werden die Blätter so geformt, wie sich ein flexibles Band aufgrund der Zentrifugalkraft bei der Auslegungs-Rotationsgeschwindigkeit einstellen würde. Wiederum ist die Herstellung vergleichsweise wenig aufwendig.

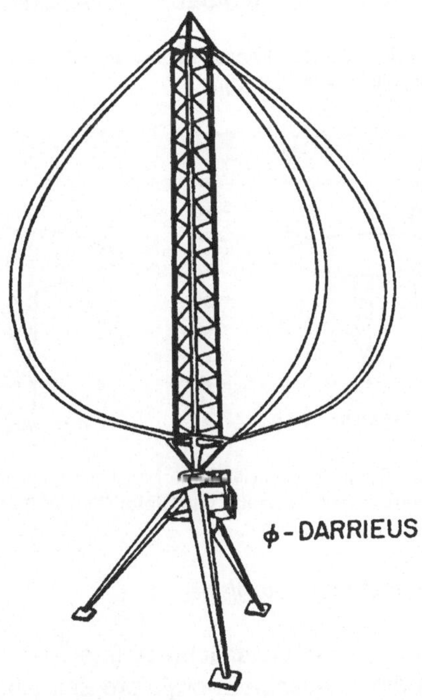

Abb. 5.2 Schemazeichnung eines Darrieus-Rotors mit drei flexiblen Bändern (aus Ref. [2]).

Realisierungen der letzten Jahre verwenden meist Rotoren mit horizontaler Achse, d.h. Propeller mit einem, zwei oder drei Blättern. Neben dem klassischen 'Windmühlentyp' mit vier Flügeln gibt es Varianten mit vielen Flügeln (US Windmill) bis zum Speichenrad. Der Propeller kann gegen den Wind (upwind) oder mit dem Wind (downwind) ausgerichtet werden.

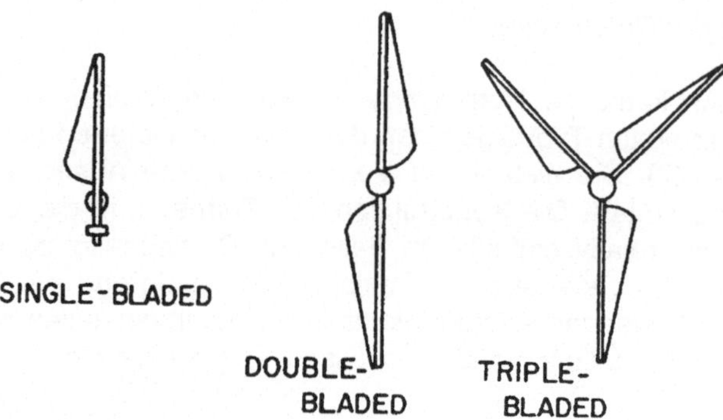

Abb. 5.3 Ein-, zwei- und dreiblättrige Rotoren mit horizontaler Achse, die nach dem Auftriebsprinzip arbeiten (aus Ref. [2]).

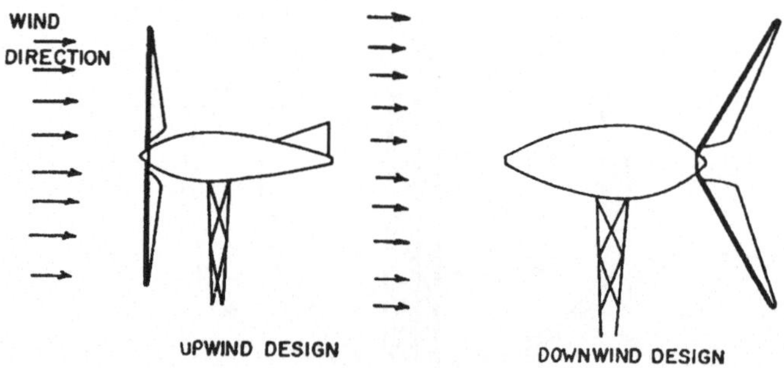

Abb. 5.4 Ausrichtung des Rotors antiparallel oder parallel zur Windrichtung mit entsprechender geometrischer Auslegung von Stator (Nacelle) und Rotorblättern (aus Ref. [2]).

Leistungsbeiwert einer Windkraftanlage

Wird vom Wind eine Querschnittsfläche A (hier die Rotorfläche) durchströmt, so entspricht die kinetische Energie pro Zeit einer Leistung

$$P_0 = 0.5 \; \rho_{Luft} \; U_0^3 \; A \,, \tag{5.1}$$

wobei ρ_{Luft} die Dichte der Luft und U_0 die Windgeschwindigkeit vor dem Rotor bedeuten. Die Leistung P_0 ist somit abhängig von der Rotorkreisfläche und der dritten Potenz der Windgeschwindigkeit, d.h. eine Verdoppelung der Geschwindigkeit führt zu einer Verachtfachung der verfügbaren Leistung.

In der Windkraftanlage wird die Windgeschwindigkeit von U_0 auf U_1 erniedrigt, wobei ein Teil der kinetischen Energie in mechanische Energie umgewandelt wird. Da aufgrund der Kontinuitätsbeziehung die austretende Luftmenge gleich der eintretenden Luftmenge sein muss, erhält man für die entzogene Leistung

$$P' = 0.5 \; \rho_{Luft} \; U_0 \; A \; (U_0^2 - U_1^2) \, . \tag{5.2}$$

Das Verhältnis der entzogenen zu der im Wind enthaltenen Leistung, $C_P = P'/P_0$, wird als Leistungsbeiwert (englisch: power coefficient) bezeichnet.

Das Maximum von C_P findet sich nicht bei $U_1 = 0$, denn dann müsste auch die Zuströmgeschwindigkeit U_0 gleich Null sein. Die entziehbare Leistung wird maximal bei einem definierten Verhältnis von U_1 zu U_0; für das Maximum von C_P kann ein Wert von $(16 / 27) = 0.593$ hergeleitet werden (Betz-Koeffizient).

Konsequenz: Bei einem Auftriebsläufer können maximal 59 % der im Wind zur Verfügung stehenden Energie in mechanische Arbeit umgewandelt werden [3,4]. Der maximale Leistungsbeiwert eines reinen Widerstandsläufers liegt nur bei etwa 0.2 [4].

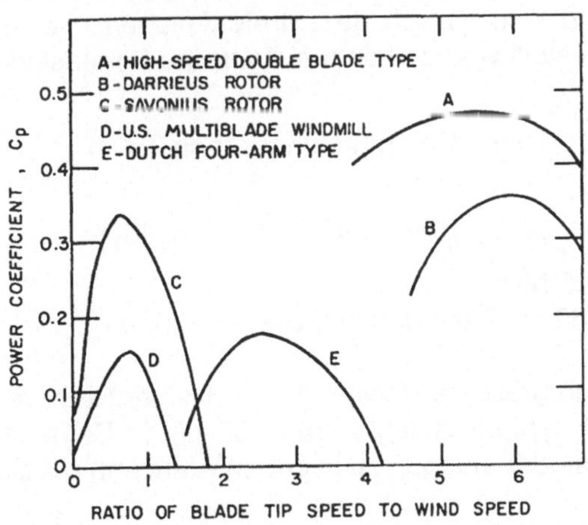

Abb. 5.5 Umwandlungsgrad von Windenergie in Rotationsenergie für verschiedene Rotortypen. Der Leistungsbeiwert C_P ist eine Funktion des Verhältnisses der Rotorgeschwindigkeit (an der Blattspitze) zur Windgeschwindigkeit (aus Ref. [2]).

Der praktisch realisierte Wert von C_P hängt von der Rotationsgeschwindigkeit ab, die als Verhältnis der Geschwindigkeit an der Blattspitze zur Windgeschwindigkeit spezifiziert wird. Die Graphik zeigt deutlich, dass Propeller mit wenigen Blättern (und ebenso der Darrieus-Rotor) schneller rotieren müssen als Rotoren mit vielen Armen, um die Windenergie 'aufzufangen'.

Einfache Anlagen schalten sich erst oberhalb einer minimalen Windgeschwindigkeit ein und produzieren mit konstanter Drehzahl ($\rightarrow$ Netzfrequenz). Dadurch wird die maximale Leistung beschränkt.

Fortschritte können durch moderne Steuerungselektronik erzielt werden, welche einen Betrieb bei variabler Drehzahl ermöglicht. Weiterhin muss die maximale Drehzahl begrenzt werden, um Schäden zu vermeiden. Entwicklungspotential wird in der Auslegung der Rotorblätter und im Konstruktionsmaterial gesehen.

5.2 Anlagegrössen

Windkraftanlagen sind typisch dezentrale Anlagen, die einzeln oder als Windparks aufgestellt werden können. Typische Dimensionen:

- 250 kW
  Masthöhe 30 - 40 m, Rotordurchmesser ca. 24 m
- 500 kW
  Masthöhe 40 - 50 m, Rotordurchmesser ca. 40-44 m
- 1000 kW - 1,5 MW
  Masthöhe > 60 m, Rotordurchmesser 60 -70 m.

Vereinzelt wurden grössere Anlagen bis 3 MW pro Rotor realisiert. Für die Schweiz werden typisch Anlagen von 500 kW in Betracht gezogen; auf dem Mt. Crosin sind 3 Anlagen zu je 600 kW (Juvent) realisiert.

Der Landbedarf pro kW installierter Leistung beträgt in Mitteleuropa 100 m^2. Für eine 500 kW-Anlage ergibt sich damit eine Minimalfläche von 5 ha.

5.3 Potential der Windenergie in der Schweiz

Eine detaillierte Studie [5] hat im Auftrag des Bundesamtes für Energie das Potential für Windanlagen in der Schweiz detailliert erfasst. Der Flächenbedarf für eine 500 kW-Anlage beträgt etwa 250 m × 250 m. Zunächst wurde dem gesamten Gebiet der Schweiz ein Raster dieser Maschenweite unterlegt und nach Zellen gesucht, welche folgende Grundbedingungen erfüllten:

- keine Siedlungsflächen, Wälder, Seen
- Höhenlage zwischen 800 m ü.M. (wegen Windangebot) und 3000 m ü.M. (aus betrieblichen Gründen)
- Erschliessbarkeit durch Strassen, Bergbahnen, Antennenanlagen
- topographische Eignung (Kreten, Kuppen, Hochebenen).

Diesen Bedingungen genügten ca. 8000 Zellen mit einer Gesamtfläche von 511 km^2 ($\geq$ 1 % der Bodenfläche der Schweiz). Diese wurden nach den Kriterien Windgeschwindigkeit und Landschaftsschutz in Standorte 1., 2. und 3. Priorität eingeteilt.

Tab. 5.1   Klassifizierung möglicher Standorte für Windkraftanlagen in der Schweiz nach mittlerer Windgeschwindigkeit und landschaftlichen Gesichtspunkten

Mittlere Windgeschwindigkeit Lage	> 5.5 m s^{-1}	4.5 - 5.5 m s^{-1}	3.5 - 4.5 m s^{-1}
Potentialgebiet	1. Priorität 16 Zellen	1. Priorität 638 Zellen	2. Priorität 2891 Zellen
kritisches Gebiet	2. Priorität 135 Zellen	2. Priorität 634 Zellen	3. Priorität
Tabugebiet	3. Priorität	3. Priorität	3. Priorität

- Potentialgebiete liegen ausserhalb von Schutzzonen, und es liegen schon optische Belastungen vor (z.B. Hochspannungsleitungen).
- kritische Gebiete umfassen Flächen ausserhalb von Schutzzonen, die bisher frei von optischen Belastungen sind, und Flächen innerhalb von Schutzzonen mit bereits existierenden optischen Belastungen.
- Tabugebiete sind Schutzgebiete ohne optische Belastungen.

Der erwartete mittlere Jahresertrag einer 500 kW-Anlage in den drei Windklassen beträgt 650, 550 bzw. 450 MWh / a (1300, 1100 bzw. 900 Vollaststunden). Man erkennt, dass ungünstigerweise 80 % der Potential-gebiete in der tiefsten akzeptablen Windklasse liegen.
[Aufgrund der relativ schwachen Winde in der Schweiz entspricht dieser mittlere Jahresertrag nur etwa der Hälfte desjenigen von europäischen Spitzenanlagen.]

Nimmt man an, auf *jeder* Zelle der 1. und 2. Priorität würde eine 500 kW-Anlage realisiert, so ergäbe dies 4400 Anlagen mit

- einer Nennleistung von 2,2 GW

- einem Jahresertrag von 2164 GWh (4.5 % des Jahresstrombedarfs 1997 von 48'600 GWh)

- einer mittleren Leistung von 250 MW.

Die spezifischen Anlagekosten hängen vom Standort und vom Zeitpunkt der Einführung ab (Kostendegression). Die Autoren der Studie gehen von einem stufenweisen Bau bis 2030 aus und berechnen für das Jahr 2010 durchschnittliche Investitionskosten von Fr. 2'200 pro kW. Eine 500 kW-Anlage kostet somit 1.1 Millionen Franken, der gesamte Park würde 4.4 Milliarden Franken an reinen Investitionskosten erfordern.

In der Studie wurde die Zahl der geeigneten Zellen für eine realistischere Abschätzung nochmals um 30 % reduziert (Landschaftsschutz, technische Schwierigkeiten). Damit ergab die Studie ein Potential, das 3.4 % des Schweizer Elektrizitätsverbrauches zu den in der Tabelle angegebenen Preisen entspricht.

Tab. 5.2 Installierbare Leistung und mögliche jährliche Energieproduktion
in vier Klassen der Elektrizitätserzeugungskosten (aus Ref. [3])

	Installierte Leistung in MW					Energieproduktion in GWh				
Rp./kWh	< -. 20	20-30	30-40	> -.40	Total	< -. 20	20-30	30-40	> -.40	Total
1. Priorität	56	144	40	2	242	66.6	161.3	40.6	4.5	270
2. Priorität	114	1044	163	2	1'323	139	1'069	148.3	1.7	1'358
Total	170	1'188	203	4	1'565	205.6	1'230	190	3.2	1'628

5.4 Weltweites Potential

Regionen mit mittleren Windgeschwindigkeiten > 5 m s^{-1} und relativ konstanten Windverhältnissen finden sich weltweit in den Küstengebieten und in ausgewählten Bergregionen. Würde man *alle* geeigneten Flächen mit Windkraftanlagen ausstatten, so berechnet man ein *technisches* Potential von 20'000 TWh = 72 EJ pro Jahr (entsprechend 20 % des Weltenergiebedarfes 1990, vgl. Kapitel 1). Daraus folgt *realistisch*, dass die Windenergie im Bereich von ≥ 10 % zur Deckung des zukünftigen Weltenergiebedarfs beitragen kann.

Im Vergleich zu diesem Potential nimmt sich die Jahresproduktion 1995 aus Windenergie von 7.5 TWh noch bescheiden aus, doch ist seit 1990 ein erfreulicher Anstieg der installierten Kapazität zu registrieren. Dabei haben die Anlagen in den deutschen Küstengebieten 1997 eine Kapazität von 2 GW überschritten [6]; auf dem nordamerikanischen Kontinent sind ca. 1.7 GW installiert. Die weltweit installierte Kapazität der Windanlagen im Jahr 1996 betrug 6 GW [7].

5.5 Aufwind- und Fallwindkraftwerke

Ein Aufwindkraftwerk besteht aus einem grossflächigen, transparent überdachten Grundstück und einem hohen Kamin. In Bodennähe wird die Luft durch Sonneneinstrahlung erwärmt und strömt aufgrund der Dichtedifferenz (Auftriebskraft) im Kamin nach oben. Im oberen Teil des Kamins befindet sich eine Turbine mit elektrischem Generator. Der Gesamtwirkungsgrad (in Bezug auf die einfallende Sonnenenergie) ist klein, jedoch senkt das Wegfallen der konzentrierenden Kollektoren die Investitionskosten. [Da die kinetische Energie auf der solaren Erwärmung basiert, handelt es sich um eine Nutzungsmöglichkeit der Sonnenenergie. Indirekt trifft dies auf alle Windkraftanlagen zu, da die Luftströmungen generell durch die Sonneneinstrahlung ausgelöst werden.]

In Manzanares (Spanien) wurde ein Prototyp einer derartigen Anlage mit einer Nennleistung von 50 kW errichtet. Durch die im Boden gespeicherte Wärme konnte eine Betriebsdauer von 3200 h / a erreicht werden. Der Gesamtwirkungsgrad war klein (0.05 %); der Gesamtwirkungsgrad einer derartigen thermischen Anlage steigt mit den Dimensionen. Aufgrund der grundsätzlich positiven Erfahrungen wurden grössere Anlagen projektiert.

Tab. 5.3 Kenngrössen realisierter und projektierter Aufwind- bzw. Fallwindkraftwerke

	Aufwindkraftwerk Manzanares [8]	Projekt Aufwindkraftwerk [8]	Projekte Fallwindkraftwerk [9,10]
Nennleistung	50 kW	100 MW	100 MW / 2'500 MW
Kollektorradius	122 m	1'800 m	Oase 6 km
Kollektorfläche	46'700 m^2	10 Mio m^2 = 10 km^2	Oase 100 km^2
Höhe über Boden	1.85 m	6.5 - 20 m	-
Kaminhöhe	200 m	950 m	1'000 m / 2'400 m
Kaminradius	5 m	57.5 m	≈ 80 m / 150 m
Turbinenrotor-Durchmesser	10 m	25 m	10 Windturbinen
Luftgeschwindig-keit im Kamin	7.6 m / s	15.8 m / s	
Stromproduktion	42 MWh / a (lf = 0.10)	295 GWh / a (lf = 0.32)	lf ≈ 0.45 ?
einfallende Spitzenleistung	ca. 46 MW (1000xNennleistung)	ca. 10 GW (100xNennleistung)	Investitions-kosten:
einfallende Jahresenergie	ca. 90 GWh (2000xStromproduktion)	ca. 20'000 GWh (70xStromproduktion)	$ 3000 / kW$_p$ / ≥ $ 500 / kW$_p$

Fallwindkraftwerke

Dem Fallwindkraftwerk liegt ein anderes Konzept zugrunde, nämlich die Abkühlung von Luft durch die Verdampfung von Wassertröpfchen. Wieder haben wir es mit einer indirekten Nutzung der Sonnenenergie zu tun, da der durch die Sonneneinstrahlung erwärmten Luft Energie entzogen wird.

Bei den Projekten in der letzten Spalte der Tabelle handelt es sich um Konzeptstudien für Fallwindkraftwerke mit folgenden Szenarioannahmen.

Die Anlage wird in einem Wüstengebiet mit trockener und warmer Luft erstellt. Die Energie stammt aus einem sonnengetriebenen, globalen Konvektionsmechanismus (Hadley-Zyklus). Über den Regenwäldern des Äquators steigt warme Luft auf und verliert ihre Feuchtigkeit durch Regen. Die Luftmassen strömen in Höhen von > 10 km vom Äquator weg und fallen bei ≈ 30° nördlicher / südlicher Breite wieder in Richtung auf die Erdoberfläche.

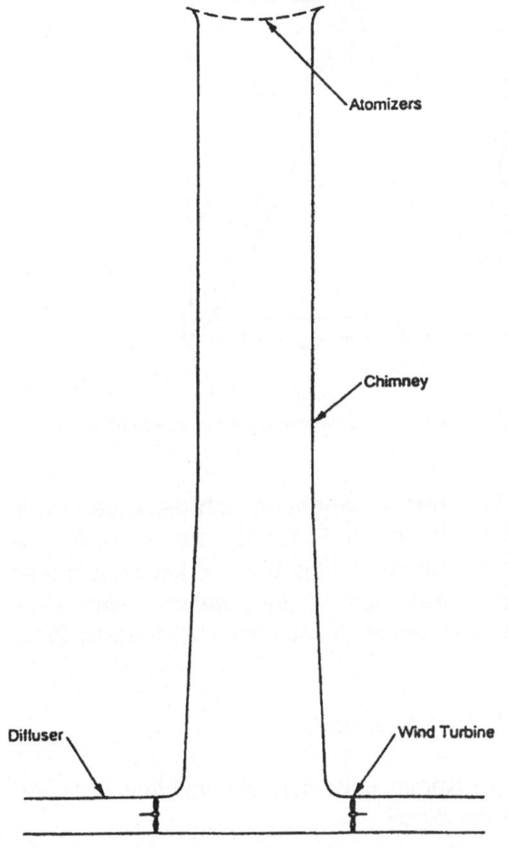

Die Anlage wird nahe der Küste positioniert. Ozeanwasser wird am oberen Ende des Kamins als Tröpfchen in die angesaugte Luft eingespritzt. Das Wasser verdunstet, entzieht der Luft die entsprechende Verdampfungswärme und kühlt die Luft um ≈ 15° ab. Die Salz-Aerosole werden elektrostatisch abgeschieden. Die kühlere Luft fällt unter dem Einfluss der Schwerkraft im Kamin. Die Temperaturdifferenz zwischen Innenluft und Aussenluft bleibt als Funktion der Höhe etwa konstant, damit auch die Beschleunigung durch die Gravitation. Am unteren Ausgang des Turmes treibt die ausströmende Luft kreisförmig angeordnete Turbinen.

Abb. 5.6   Querschnitt durch den zylinderförmigen Kamin eine Fallwindkraftwerkes (schematisch). Nachdem die kalte Luft die Turbinen angetrieben hat, wird sie durch die scheibenförmige Abdeckung über einen grösseren Radius verteilt.

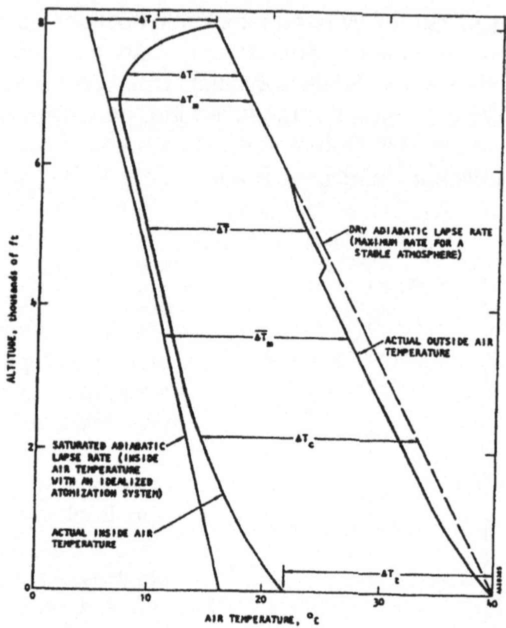

Abb. 5.7 Höhenabhängiger Temperaturverlauf (Modellrechungen) in einem Fallwindkraftwerk (aus Ref. [9]).

Nach dem Austreten aus den Turbinen verlangsamt sich die kalte Luft in einer ≈ 10 m dicken Diffusionszone über dem Erdboden auf einem Radius von ≈ 1 km. Auf einem Gebiet mit einem Radius von ≈ 6 km kondensiert während der Nacht Feuchtigkeit aus den kühlen, nahezu wasserge-sättigten Luftmassen, so dass eine landwirtschaftlich kultivierbare Zone (Oase) entstehen könnte.

Einige Grundgleichungen zum Fallwindkraftwerk

Die Leistung, welche aus der im Kamin fallenden abgekühlten Luft ent-nommen werden kann, ist gegeben durch

$$P_{\text{Wind}} = \overline{\Delta\rho}\, g H\, \dot{V} \tag{5.3}$$

mit g = Gravitationskonstante, H = Höhe des Kamins und $\dot{V}$ = Volumen-durchsatz an Luft. Zur mittleren Dichtedifferenz $\overline{\Delta\rho}$ über die Länge des

Kamins tragen die Temperaturdifferenz ΔT sowie die Anteile des flüssigen und des gasförmigen Wassers bei.

Ein Teil der Fallwindleistung geht durch Reibungsverluste ($P_{Verlust}$) verloren. Die Differenz wird mit einem Wirkungsgrad η in der Turbine in Elektrizität umgesetzt. Ein Teil davon muss zum Pumpen des Wassers bis zur oberen Kaminöffnung eingesetzt werden. Damit ergibt sich für die Netto erzeugte Ausgangsleistung P_{out}

$$P_{out} = (P_{Wind} - P_{Verlust})\,\eta - P_{Pump}\,. \tag{5.4}$$

Die zum Pumpen benötigte Leistung ist gegeben durch

$$P_{Pump} = \text{const. } H\,. \tag{5.5}$$

Der Verlust durch turbulente Reibung an der Innenseite des Kamins mit der Oberfläche F ist proportional zu v^3,

$$P_{Verlust} = \frac{1}{2}\rho\,v^2\,c_F F\,v\,. \tag{5.6}$$

P_{Wind} und P_{Pump} sind proportional zur Turmhöhe H. Nach dem Gravitationsgesetz für die fallende Luft erwarten wir

$$\rho\,g\,H \propto \frac{1}{2}\rho\,v^2 \tag{5.7}$$

und somit $H \propto v^2$. Einsetzen in die Gleichung (5.4) ergibt

$$P_{out} = f\,v^2 - g\,v^3 \quad (\text{mit } e, f:\ \text{Koeffizienten})\,. \tag{5.8}$$

Maximieren der Nettoleistung bezüglich der Strömungsgeschwindigkeit

$$\frac{\partial P_{out}}{\partial v} = 0 = 2\,f\,v - 3\,g\,v^2 \quad \text{ergibt} \tag{5.9}$$

$$f\,v = \frac{3\,g\,v^2}{2} \quad \text{und} \quad P_{out,max} = \frac{1}{2}g\,v^3 \propto H^{3/2}\,. \tag{5.10}$$

Diese einfache Abschätzung zeigt, dass die maximale Leistung mit der Potenz 3/2 der Turmhöhe skaliert, was durch detaillierte Rechnungen bestätigt wird.

Dieser Befund korrespondiert mit der von Wärmekraftmaschinen und thermischen Anlagen bekannten Tatsache, dass der Wirkungsgrad mit zunehmender Anlagengrösse besser wird, da die relative Bedeutung der Oberflächen-Reibungsverluste abnimmt. Daraus erklärt sich die in der obenstehenden Tabelle erkennbare Tendenz zu immer grösseren und höheren Anlagen. Experimentell wurden noch keine Fallwindkraftwerke realisiert: Kleine Pilotanlagen wären ineffizient, die Konstruktion grosser Anlagen ohne Vorversuche äusserst riskant.

Literatur

[1]   Inglis, D.R.: Wind Power and Other Energy Options. Ann Arbor: University of Michigan Press 1978

[2]   Cheremisinoff, N.P.: Fundamentals of Wind Energy. Ann Arbor: Science Publishers 1979

[3]   Molly, J.-P.: Windenergie - Theorie, Anwendung, Messung. Karlsruhe: C.F. Müller 1990

[4]   Hau, E.: Windkraftanlagen - Grundlagen, Technik, Einsatz, Wirtschaftlichkeit. Berlin: Springer 1996

[5]   Buser, H., Kunz, S., Horbaty, R.: Windkraft und Landschaftsschutz. Bern: Bundesamt für Energiewirtschaft 1996

[6]   Institut für Solare Energieversorgungstechnik: Jahresauswertung 1996 des Wissenschaftlichen Mess- und Evaluierungsporgrammes zum Breitentest '250 MW Wind'. Kassel: ISET 1997

[7]   Braun, L.R., Flavin, Ch., Kane, H.: Vital Signs. Worldwatch Institute: 1996

[8]   Schlaich, J.: Das Aufwindkraftwerk. Stuttgart: Deutsche-Verlags-Anstalt 1994

[9]   Carlson, P.R.: Thermoelectric Oasis: A proposed system to provide
      electric power and irrigation to the desert regions of the world.
      Pasadena CA: 1993

[10] Agbabian Associates, Aeroelectric Solar Power.
      El Segundo CA: 1980

6 Umweltwärme und Geothermie

Vorschläge zur Meereswärmenutzung weisen hin auf den Temperatur-unterschied zwischen der Meeresoberfläche (in den Tropen 26 °C) und der Tiefsee (5 °C). Prinzipiell könnte also eine Wärmekraftmaschine dem Oberflächenwasser Wärme entziehen und ihre Abwärme an die Tiefsee abgeben, wenn auch mit einem sehr kleinen Carnot-Wirkungsgrad.

Bei geothermischen Kraftwerken wird eine Sonde in eine heisse Zone des Erdmantels abgesenkt. Die Wärme wird zur Dampferzeugung verwendet, um damit direkt eine Turbine anzutreiben (s. Abschnitt 6.2).

Im Gegensatz zu den beiden erwähnten Technologien (*Wärmekraft-maschinen* mit Wärmeentnahme bei der höheren Temperatur) entnimmt eine *Wärmepumpe* Wärme aus der Umgebung (Luft, Wasser, Boden) bei einer niedrigen Temperatur und befördert diese unter Arbeitsleistung auf ein höheres Temperaturniveau (z.B. Raumheizung). Diese konzeptionelle Unterscheidung ist wichtig: Während Wärmepumpen überall realisiert werden können, sind geothermische Kraftwerke an spezielle geographi-sche Gegebenheiten gebunden.

6.1 Wärmepumpen

Das Grundprinzip der im Gegensinn arbeitenden Carnot'schen Wärme-kraftmaschine wird in der Praxis mit einem Hilfsmedium realisiert. Dieses gibt nach der Kompression auf der warmen Seite (T_1) bei der Konden-sation unter hohem Druck Wärme ab und nimmt nach der Expansion auf der kalten Seite (T_2) bei der Verdampfung unter niedrigem Druck Energie auf (Arbeitsprinzip des Kühlschrankes, jedoch andere Kompartimente).

Der Wirkungsgrad einer Wärmekraftmaschine, die zwischen 50 °C (Niedertemperaturheizung) und 5 °C arbeitet, beträgt $\eta = 0.14$. Entspre-chend ist die Leistungsziffer (Verhältnis von abgegebener Wärme zu auf-gewendeter Arbeit) für eine ideal arbeitende Wärmepumpe ungefähr gleich 7.

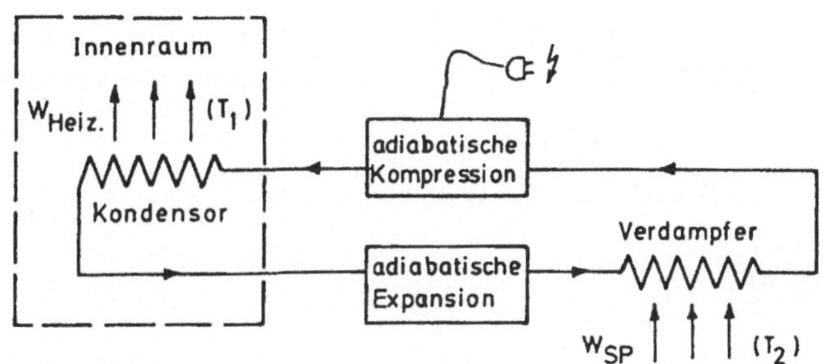

Abb. 6.1 Funktionsschema einer Wärmepumpe bzw. Kältemaschine mit dem Arbeitsprinzip der Verdampfung und Kondensation eines Wärmeübertragungsmediums
(aus Ref. [1]).

Die Jahresarbeitszahl einer Wärmepumpe (JAZ, Verhältnis von abgegebener Heizwärme zu aufgewandter Energie) kann approximativ mit der
Leistungszahl gleichgesetzt werden. Für die reale Jahresarbeitszahl findet
man empirisch

$$JAZ_{real} \approx 0.4 \times JAZ_{ideal} \approx 3. \tag{6.1}$$

Beim Vergleich einer Wärmepumpenheizung mit einer Ölheizung ist stets
die Herkunft der Elektrizität zu berücksichtigen. Stammt diese aus erneuerbaren Quellen, so ist die Primärenergie- und Emissionsbilanz auf jeden
Fall positiv. Wird die Elektrizität aus nicht erneuerbaren Energieträgern
erzeugt, so geht der Umwandlungswirkungsgrad bis zur Elektrizität multi-
plikativ in den Gesamtwirkungsgrad ein. Stammt z.B. die Elektrizität aus
einem Kohlekraftwerk mit einem Wirkungsgrad von 30 %, so ergibt sich

$$\eta_{gesamt} = 0.3 \times JAZ_{real} \approx 0.9. \tag{6.2}$$

Bei Ländern, welche erdöl- oder ergarsbefeuerte Kraftwerke betreiben,
existiert als sinnvolle Variante eine Wärmepumpe, welche mit einem effizienten Diesel- oder Gasmotor (Wirkungsgrad 25 %) angetrieben wird.
Damit diese Lösung ökologisch verträglich wird, ist eine Abgasentstickung
notwendig. Die erforderlichen Investitionen machen diese Anlage nicht für
ein Einfamilienhaus, sondern für Blockheizungen bzw. Blockheizkraft-
werke sinnvoll.

Eine Wärmepumpe, die zwischen den Temperaturen 35 °C und 50 °C arbeitet ($\eta = 0.046$, $\text{JAZ}_{\text{ideal}} \approx 21$), erzielt dann einen Gesamtwirkungsgrad von

$$\eta_{\text{gesamt}} \approx 0.25 \times \text{JAZ}_{\text{real}} \approx 0.25 \times 0.4 \times 21 \approx 2. \tag{6.3}$$

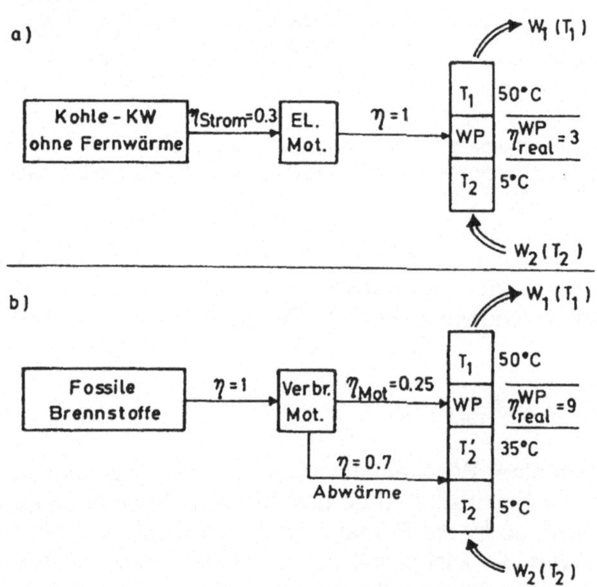

Abb. 6.2   Realer Gesamtwirkungsgrad einer Wärmepumpe unter Berücksichtigung der Bereitstellung der Antribsenergie.
a) Wärmepumpe mit Elektromotor, versorgt mit Elektrizität aus einem Kohle kraftwerk;
b) Wärmepumpe mit Dieselmotor, dessen Abwärme zum Vorwärmen des Wärmeübertragunsmediums genutzt wird (aus Ref. [1]).

Eine besonders attraktive Möglichkeit zum Entzug der Umweltwärme aus Tiefen bis 100 m ('untiefe Geothermie') sind die sog. Erdwärmesonden. Koaxial- oder U-Rohre mit einer Länge bis 150 m und einem Durchmesser von 8-10 cm werden in Bohrlöcher vor dem Gebäude eingebracht. Die Erdwärme wird dem Boden durch Zirkulation einer Wärmeträgerflüssigkeit (70 % Wasser, 30 % Frostschutz) entzogen [2-4].

Mit über 20'000 installierten Erdwärmesonden weist die Schweiz weltweit die höchste Dichte derartiger Anlagen auf. Aufgrund der günstigen Jahresarbeitszahlen > 3.0 sind erdwärmesondengekoppelte Wärmepunpenheizungen bereits bei den heutigen Enerigepreisen wettbewerbsfähig [5].

6.2 Heissdampf- und Heisswasserquellen

An ausgewählten Stellen der Erdoberfläche (z.B. Italien, Kalifornien, Indonesien) treten aus Bohrungen direkt heisse geologische Fluide aus. Diese Wärme kann ökonomisch als Prozesswärme oder (bei ausreichendem Temperaturniveau) in Dampfturbinen genützt werden [6-8]. Die folgende Tabelle [8] gibt einen Überblick über die weltweit installierten Kapazitäten.

Tab. 6.1   Beispiele installierter Kapazitäten zur Nutzung von Heissdampf- und Heisswasserquellen (aus Ref. [8], 1991)

Country	Plant Types[1]	No.Units[2]	Total MW$_e$[3]
United States	DS,1F,2F,B,H	159	2826.49
Philippines	1F	23	894.0
Mexico	DS,1F,2F	21	725.0
Italy	DS,1F	42	504.2
New Zealand	1F,2F,B	16	285.5
Japan	DS,1F,2F	9	215.1
Indonesia	DS,1F	5	142.25
El Salvador	1F,2F	3	95.0
Nicaragua	1F	2	70.0
Kenya	1F	3	45.0
Iceland	1F,2F	5	39.0
Turkey	1F	1	20.6
China	1F,2F,B	17	20.586
Soviet Union	1F	1	11.0
France (Guadeloupe)	2F	1	4.2
Portugal (Azores)	1F	1	3.0
Romania	B	3	1.5
Argentina	B	1	0.6
Zambia	B	2	0.2
Australia	B	1	0.02
20 Countries	DS,1F,2F,B,H	316	5900.246

[1] DS = dry steam; 1F = single flash; 2F = double flash; B = binary; H = hybrid.
[2] A "unit" is defined as a turbine-generator unit.
[3] Total installed capacity.

Für die Nutzung der geologischen Fluide existieren die folgenden Verfahrensvarianten.

- 'Dry Steam'-Verfahren:
  In günstigen Fällen tritt trockener Dampf aus, der direkt einer Turbine zugeführt wird. Oft enthält das Gas Anteile von H_2S und CO_2.

- 'Single Flash'-Verfahren:
  Aus dem Bohrloch tritt ein Gemisch aus Dampf und Flüssigkeit. Der Dampf wird in einem 'flash' abgezogen und der Turbine zugeführt, die Flüssigkeit ins Bohrloch zurückgepumpt (Energieverlust !).

- 'Double Flash'-Verfahren:
  Das Vorgehen ist wie oben, doch wird zweimal bei hohem Druck und niedrigerem Druck (überhitzter) Dampf abgezogen.

- 'Binary Plant':
  Hier gelangt kein Teil der geologischen Flüssigkeit an die Atmosphäre. Die Wärme wird in einem Wärmetauscher auf ein (bezüglich der Temperaturniveaus angepasstes) Wärmeübertragungsmedium transferiert, welches dann seinerseits die Turbine antreibt. Die Geoflüssigkeit wird quantitativ in die Erde zurückgepumpt.

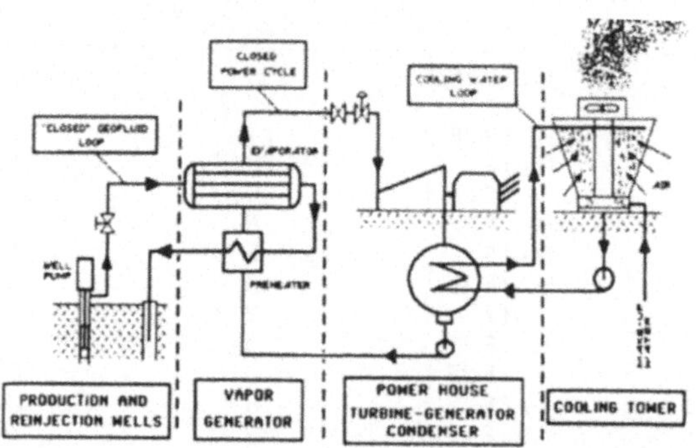

Abb. 6.3 Prinzipschema einer Zweikreis-Anlage zur Nutzung eines heissen geologischen Fluids (Dampf und Flüssigkeit) mit Reinjektion des Kondensates (aus Ref. [8]).

Bei der Heisswasser- und Heissdampfnutzung liegen umfrangreiche Erfahrungen aus den USA vor. Die vergleichsweise niedrigen Dampftemperaturen (100 - 200 °C) implizieren bescheidene Carnot-Wirkungsgrade. Die Installationskosten sind mit $ 1100 / kW vergleichsweise niedrig, und die Produktionskosten der Elektrizität liegen mit 5 -7 cents / kWh durchaus im Bereich von Öl- und Kohlekraftwerken [1].

6.3 Hot Dry Rock (HDR) - Verfahren

Bekanntlich nimmt die Temperatur in der Erdkruste in Richtung auf den Erdmittelpunkt zu. Der geothermische Gradient an der Erdoberfläche beträgt im Mittel ca. 30 °C pro km; in sedimentgefüllten Becken kann er weniger als 20 °C pro km, in Bruchzonen mehr als 70 °C pro km betragen.

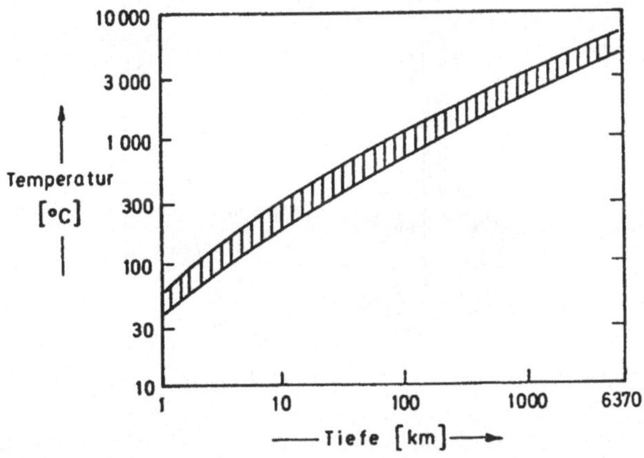

Abb. 6.4 Bandbreite der mittleren Temperatur als Funktion der Tiefe unter der Erdoberfläche (aus Ref. [1]).

Im HDR-Verfahren wird eine Kaverne im (kristallinen) Gestein geschaffen. In Tiefen von mehreren km werden mittels hydraulischen Spaltens (hydraulic fracturing) grosse künstliche Riss-Systeme geschaffen. Dieses 1948 in der Erdölindustrie eingeführte und seither in zahlreichen Erdöl- und Erdgasbohrungen erprobte Verfahren wird als das aussichtsreichste für die Nutzung der Hochtemperatur-Erdwärme beurteilt [5-10].

Wasser, welches durch ein Bohrloch in die Kaverne gepumpt wird, erwärmt sich im Kontakt mit dem heissen Gestein (200 - 300 °C) und wird als Dampf für den Betrieb einer Turbine entnommen. Erforderliche Minimaltemperaturen für eine wirtschaftliche Nutzung einerseits (erwünscht > 150 °C) und Limitierungen in der verfügbaren Bohrtechnik andererseits (tiefste Bohrungen > 10 km, Schwierigkeiten bei Temperaturen > 300 °C) führen zu typischen Bohrtiefen von 5 km.

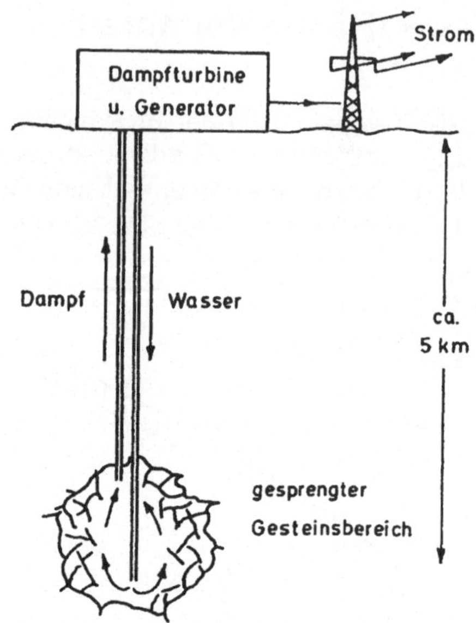

Abb. 6.5 Prinzip der Hot Dry Rock-Verfahrens (aus Ref. [1]).

Beim HDR-Verfahren liegt die erste Schwierigkeit in den Bohrkosten. Für gute Standorte sind diese vergleichbar mit denjenigen einer Erdölbohrung, für problematische Standorte typisch dreimal höher, für schlechte Standorte betragen sie ein Vielfaches.

Ein prinzipielles Problem liegt in der geringen Wärmeleitfähigkeit von kristallinem Gestein. Die Wärmeaustauschoberfläche eines einfachen Hohlraums im kompakten Fels ist nicht ausreichend, wie die untenstehende Rechnung zeigt. Daher injiziert man das Wasser bevorzugt in Bruchzonen mit einer hohen inneren Oberfläche. Durch eine hydraulische Sprengung am Kopf des Bohrloches können, wie oben erwähnt, zusätzliche Spalten und Risse erzeugt werden.

Die Nachlieferung der Wärme aus der Umgebung durch Wärmeleitung wäre zu langsam und die extrahierbare Wärme pro Zeiteinheit zu klein, wie die nachstehende Rechnung zeigt. Nach Erschöpfung der im Austauschvolumen verfügbaren Wärme muss deshalb ein neuer Gesteinsbereich erbohrt und erschlossen werden. Aus diesem Grunde wird das HDR-Verfahren auch als 'Deep Heat Mining' bezeichnet.

Zahlenbeispiel (aus Ref. [1])

Es soll eine thermische Leistung von 10 MW entnommen werden, indem Wasser von 40 °C auf 200 °C erwärmt wird. Pro Liter speichert das Wasser eine Wärmemenge

$$Q = 4.2 \times 10^3 \, J \, dm^{-3} \, K^{-1} \times 160 \, K = 6.7 \times 10^5 \, J \, dm^{-3}. \tag{6.4}$$

Für eine Leistungsentnahme von 10 MW müssen also 15 Liter Wasser pro Sekunde durchgepumpt und erwärmt werden. Zur Abschätzung der entziehbaren Energie wird angenommen, ein kugelförmiges Gesteinsvolumen mit einem Radius von 50 m und einer Anfangstemperatur von 250 °C werde um 50° auf 200 °C abgekühlt.

Gesteinsvolumen:	$5 \quad \times 10^5 \, m^3$
Dichte:	$2.5 \quad \times 10^3 \, kg \, m^{-3}$
Masse:	$1.25 \times 10^9 \, kg$
spezifische Wärme:	$10^3 \, J \, kg^{-1} \, K^{-1}$
entziehbare Wärme:	$1.25 \times 10^{12} \, J \, K^{-1} \times 50 \, K = 6 \times 10^{13} \, J$

Bei der geforderten Leistung von 10^7 W genügt diese Wärme für 6×10^6 s $= 70$ Tage. Danach muss ein neues Volumen angebohrt und aufgesprengt werden.

Die Wärmeleitfähigkeit von Gestein beträgt $2 - 4 \, W \, m^{-1} \, K^{-1}$. Nehmen wir an, das Gesteinsvolumen sei durch die Sprengung in kubische Blöcke mit einer Kantenlänge von 1 m zerlegt worden.

Anzahl der Blöcke:	5×10^5
Oberfläche	$3 \times 10^6 \, m^2$
optimaler Temperaturgradient	$50° / 50 \, cm = 100 \, K \, m^{-1}$
maximaler Wärmefluss	$(3 \, W \, m^{-1} \, K^{-1}) \times (100 \, K \, m^{-1}) \times$
	$(3 \, 10^6 \, m^2) \approx 10^9 \, W.$

Dieser maximale Wärmefluss wird selbstverständlich nicht erreicht, doch zeigt die Abschätzung, dass selbst nach partieller Extraktion der verfügbaren Wärme der angestrebte Wärmefluss von 10^7 W realistisch bleibt.

Wiedererwärmung des Gesteins: Eine Kugel mit dem Radius 50 m und einer Temperatur von 200 °C befindet sich in Umgebungsgestein mit der

Temperatur 250 °C. Die Abschätzung zeigt, das die Wiedererwärmung eine Zeit von Jahrzehnten benötigt:

Temperaturgradient   50 K / 50 m = 1 K m^{-1}
äussere Kugeloberfläche 3×10^4 m^2
maximaler Wärmefluss   (3 W m^{-1} K^{-1}) $\times$ (1 K m^{-1}) $\times$ (3 10^4 m^2) $\approx 10^5$ W
minimale Zeit 6×10^{13} J / 10^5 W $=$ 6×10^8 s = 20 Jahre.

Pilotversuch in Fenton Hill, New Mexico

Ein Grossversuch wurde durch ein internationales Team unter Leitung des Los Alamos National Laboratory durchgeführt [8]. Durch Injektion grosser Wassermengen unter hohem Druck (21'500 m^3 bei einem Druck von 48 MPa = 480 bar) wurde in einer Tiefe von 3550 m bei einer mittleren Temperatur von 232 °C ein Reservoir geschaffen. Wasser wurde mit einer Temperatur von 20 °C injiziert; während des Tests stieg die Temperatur des entnommenen Wassers auf 190 °C, entsprechend einer Endleistung von 10 MW. Während 75 Tagen wurde eine mittlere Leistung von 5 MW entnommen; ein Absinken der Leistung war noch nicht zu erkennen.

Europäischer Grossversuch in Soultz, Elsass

1987 begann in Soultz sous Forêts (ca. 50 km nördlich von Strasbourg) ein geothermischer Grossversuch für die Wärmegewinnung aus heissem Tiefengestein [11]. Im Gebiet des Rheingrabens weist ein Gebiet von 3'000 km^2 einen hohen geothermischen Gradienten auf. Hier ist das Grundgebirge schon von Natur aus von einem Netz offener, teilweise miteinander verbundener Spalten durchzogen.

In den letzten 10 Jahren wurde das natürliche Kluftnetz bis in 3900 m Tiefe untersucht. Dabei wurden Temperaturen von 165 °C angetroffen. Es konnte ein ca. 3 km^2 grosses Riss-System und damit eine Verbindung zwischen den beiden 450 m voneinander liegenden Tiefbohrungen erzeugt werden. Dadurch versucht man, anstelle des oben beschriebenen kugelförmigen Wärmeaustauschvolumens dem Konzept eines 'volumetrischen' Wärmeaustauschers näher zu kommen. Während einer Versuchsperiode von über 100 Tagen wurde im Sommer 1997 eine thermische Leistung von 6-10 MW entzogen.

Schweizer Projekt 'Deep Heat Mining'

1996 wurde in der Schweiz das Projekt 'Deept Heat Mining' (Wärmebergbau) ins Leben gerufen. Es handelt sich um die Pilot- und Demonstrationsanlage mit einer elektrischen Leistung von 3 MW und einer thermischen Leistung von 20 MW. Die Wassertemperatur am Bohrlochkopf soll 170 °C (Gebirgstemperatur 200 °C) und die Reinjektionstemperatur 70 °C betragen. Die Inbetriebnahme ist für das Jahr 2006 oder 2007 geplant.

6.4 Potentialabschätzung

Theoretisch stellt die in Tiefen bis 10 km im gesamten Erdmantel verfügbare Wärme ein riesiges, nach menschlichen Massstäben praktisch unerschöpfliches Reservoir dar (geschätzt 1.5×10^{26} J). 99 % des Erdballs sind heisser als 1000 °C, nur die obersten 3 km der Erdrinde sind kühler als 100 °C.

Praktisch stellt sich, wie bei allen erneuerbaren Energien, die Frage nach der technisch möglichen und ökonomisch kompetitiven Nutzung. Bei Wärmopumpen ist diese, wie erwähnt, bei geeigneter Auslegung bereits gegeben. Heisswasser- und Heissdampf-Quellen werden kommerziell für die Elektrizitätserzeugung genutzt. Die installierte Kapazität von $> 6\ \mathrm{GW_{el}}$ ist vergleichbar mit derjenigen aus Windenergie, die Jahresproduktion mit 37 TWh aufgrund des besseren last factors höher [5]. Anlagen für die thermische Nutzung mit $> 8\ \mathrm{GW_{th}}$ liefern eine Produktion von > 100 TWh.

Für die zukünftige globale Energieversorgung mit erneuerbaren Energien kann aus dem HDR-Verfahren ein signifikanter Beitrag erwartet werden.

Literatur

[1]   Diekmann B., Heinloth, K.: Energie. Stuttgart: Teubner 1997

[2]   Rybach, L., Muffler, J.L.P. (eds.): Geothermal Systems -
      Principles and Case Histories. New York: Wiley Interscience 1981

[3]   Sanner, B.: Erdgekoppelte Wärmepumpen - Geschichte, Systeme,
      Auslegung, Installation. IZW-Berichte 2/92.
      Karlsruhe: Fachinformationszentrum Karlsruhe 1992

[4]   Bundesamt für Umwelt, Wald und Landschaft: Wegleitung für die
      Wärmenutzung geschlossenen Erdwärmesonden.
      Bern: BUWAL 1994

[5]   Häring, M.O.: Unerschöpfliche Erdwärme.
      Neue Zürcher Zeitung **154** (1998) 15; ibid. **76** (1997) 17

[6]   Rau, H.: Geothermische Energie. München: Pfriemer, 1978

[7]   Dickson, M.H., Fanelli, M. (eds.): Geothermal Energy.
      New York: Wiley 1995

[8]   Tester, J. et al.: Energy and the Environment in the 21st Century,
      pp. 741, 755, 931. Cambridge: MIT Press 1991

[9]   Rummel, F., Kappelmeyer, O. (Hrsg.): Erdwärme - Energieträger der
      Zukunft? Karlsruhe: C.F. Müller 1993

[10] Mock, J.E., Tester, J.W., Wright P.M.: Geothermal energy from the
      earth: Its potential impact as an environmentally sustainable resource.
      Annu. Rev. Energy Environ. **22** (1997) 305-356

[11] Baumgärtner, J., Gérard, A., Baria, R., Jung, R., Tran-Viet, T.,
      Gandy, T., Aquilina, L., Garnish, J.: Circulating the HDR reservoir at
      Soultz: Maintaining production and injection flow in complete balance.
      Proc. Twenty-Third Workshop on Geothermal Reservoir Engineering,
      SGP-TR-158. Stanford: Stanford University 1998

7 Chemische Energiespeicherung

7.1 Wasserstoffspeicherung

7.1.1 Wasserstoff als Energieträger – Quellen und Anwendungen

Eigenschaften von Wasserstoff als Energieträger:

- hohe gewichtsbezogene Energiedichte (120 MJ / kg)
- gasförmiger Energieträger, daher Speicherproblem
- relativ schadstoffarme Verbrennung (wenig NO_x)
- Möglichkeit der katalytischen Verbrennung
- keine CO_2 - Emissionen bei der Verbrennung.

Aufgrund dieser Vorteile wurden Konzepte für wasserstoffbasierte Energiesysteme formuliert [1]. Ein entscheidendes Kriterium für deren ökologischen und ökonomischen Sinn ist die Quelle des Wasserstoffs.

Wasserstoff aus fossilen Energieträgern

Aus festen oder schwerflüchtigen fossilen Energieträgern gewinnt man Wasserstoff durch 'Wasserdampfvergasung',

$$C(s) \quad + H_2O \quad \Rightarrow \quad CO \quad + H_2 \tag{7.1}$$

$$CO \quad + H_2O \quad \Rightarrow \quad CO_2 \quad + H_2 \, . \tag{7.2}$$

Da die Vergasung ein endothermer Prozess ist, muss die notwendige Energie durch teilweise Verbrennung bereitgestellt werden,

$$C(s) \quad + \tfrac{1}{2} O_2 \quad \Rightarrow \quad CO \tag{7.3}$$

$$CO \quad + \tfrac{1}{2} O_2 \quad \Rightarrow \quad CO_2 \, . \tag{7.4}$$

Die Zusammensetzung des Produktgases (CO, CO_2, H_2) und die totale Wärmebilanz können durch das Verhältnis von O_2 und H_2O im Reaktandenstrom eingestellt werden.

Analog lauten die Reaktionen für die Vergasung / partielle Oxidation eines (ev. sauerstoffhaltigen) Kohlenwasserstoffs CH_xO_y (mit $y < 1$):

$$CH_xO_y + (1\text{-}y)\,H_2O \quad\Rightarrow\quad CO \quad + (1\text{-}y + x/2)\,H_2 \tag{7.5}$$

$$CH_xO_y + (2\text{-}y + x/2)/2\,O_2 \;\Rightarrow\; CO_2 \quad + x/2\,H_2O \tag{7.6}$$

$$CO \quad + H_2O \quad\Rightarrow\quad CO_2 \quad + H_2\,. \tag{7.2}$$

Die Dampfreformierung von Methan, der industriell in grossem Massstab durchgeführte Prozess zur Herstellung von Wasserstoff, entspricht als Spezialfall von (7.5) der Gleichung

$$CH_4 \quad + H_2O \quad\Rightarrow\quad CO \quad + 3\,H_2\,. \tag{7.7}$$

Da die Dampfreformierung endotherm ist, muss die erforderliche Energie (extern) durch Verbrennung eines Teiles des Methans hergestellt werden,

$$CH_4 \quad + 2\,O_2 \quad\Rightarrow\quad CO_2 \quad + 2\,H_2O \tag{7.8}$$

Wieder können die gesamte Energiebilanz und das Verhältnis $CO : H_2$ durch die relative Dosierung von H_2O und O_2 eingestellt werden.

Der Brennwert des produzierten Wasserstoffes ist kleiner oder maximal gleich demjenigen des fossilen Primärenergieträgers, da bei der Dampfreformierung Energieverluste auftreten. Das CO_2 wird während des H_2-Produktionsprozesses emittiert. Die bisher diskutierten Schemen bieten also keinen Vorteil bezüglich der globalen CO_2-Bilanz, sondern nur lokale Vorteile bezüglich der Emissionen bei der Nutzung.

Im Hinblick auf die Verringerung der CO_2-Emissionen wird die Entkarbonisierung fossiler Energieträger diskutiert, z.B.

$$CH_x \quad\Rightarrow\quad C(s) + x/2\,H_2\,, \tag{7.9}$$

wobei der Kohlenstoff in fester Form z.B. in erschöpften Bergwerken deponiert würde. Wieder ist die Entkarbonisierung mit einem Verlust an

Brennwert bzw. mit entsprechend höheren Kosten pro Energieeinheit verbunden.

Der Einsatz fossiler Energieträger in Kombination mit Sonnenenergie wird weiter unten besprochen.

Wasserstoff aus Elektrolyse

Als Module stehen die alkalische Elektrolyse in flüssiger Phase (bei Normaldruck oder erhöhtem Druck) und die Dampfelektrolyse bei 1200-1300 K zur Verfügung.

Der Wirkungsgrad eines modernen Elektrolyseurs (bezogen auf die freie Enthalpieänderung ΔG_V bei der Verbrennung des produzierten Wasserstoffes) kann 80 % erreichen. Dieser Zielwert entspricht einem Elektrizitätsaufwand von 3.8 kWh pro m_N^3 H_2. Heutige Elektrolyseure verbrauchen 4.2 - 5.0 kWh pro m_N^3 H_2.

Während der Elektrolyseprozess von flüssigem Wasser ausgeht, wird bei der späteren Nutzung des Wasserstoffs (z.B. in einem Verbrennungsmotor) die Kondensationswärme des gasförmigen Wassers nur in seltenen Fällen genutzt, d.h. es steht nur der untere Heizwert zur Verfügung.

Bezeichnet man mit U die tatsächlich im Elektrolyseur verwendete Spannung und mit U_{rev} $(= \Delta G_V / 2\,F)$ die reversible Zellspannung bezogen auf die elektrochemische Reaktion

$$H_2O(g) \;\Rightarrow\; H_2 + \tfrac{1}{2}\,O_2 \qquad U_{rev} = 1.253\ V, \tag{7.10}$$

so ist in der Definition des Wirkungsgrades

$$\eta = \frac{U_{rev}}{U} \tag{7.11}$$

der Verlust der Kondensationswärme bereits mit berücksichtigt.

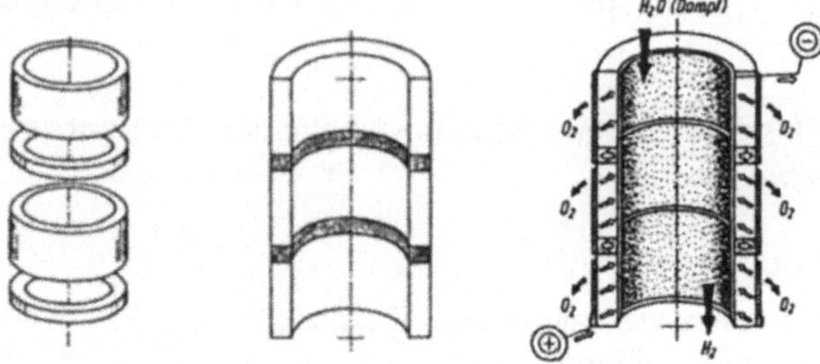

Abb. 7.1 Hochtemperaturdampfelektrolyse HOT ELLY (aus Ref. [2]).

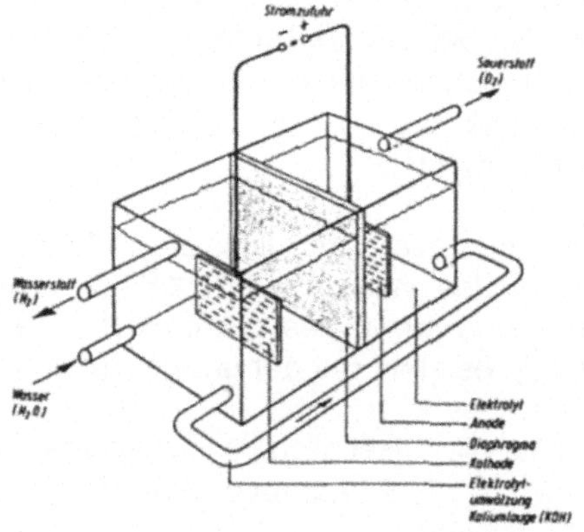

Abb. 7.2 Elektrolyse mit alkalischem Elektrolyt (aus Ref. [2]).

Wasserstoff als Energieträger durch Elektrolyse herzustellen ist global betrachtet nur dann sinnvoll, wenn die Elektrizität aus erneuerbaren Energien gewonnen wurde, z.B. aus

- Wasserkraftwerken

- solarthermischen Kraftwerken

- Windkraftanlagen

- geothermischen Kraftwerken

- Überschussstrom.

Dabei ist für eine globale Analyse das gesamte Energieversorgungssystem zu betrachten. Wenn gleichzeitig noch fossil befeuerte Kraftwerke betrieben werden, kann es sinnvoller sein, mit Solarstrom ein Kohlekraftwerk entbehrlich zu machen, als den Solarstrom für Wasserelektrolyse zu verwenden.

Andererseits kann die Produktion von Wasserstoff durch Elektrolyse die geeignete Lösung des Speicherproblems sein, wenn z.B. die Hochspannungs-Gleichstromübertragung wegen der involvierten Distanzen nicht möglich ist. So wurde in einem Grossprojekt (Euro-Quebec Hydro-Hydrogen Pilot Project) die Wasserstoffproduktion mit Wasserkraft in Kanada und der Transport des Wasserstoffs nach Europa geprüft.

Wasserstoffproduktion stellt auch für die Überbrückung zeitlicher Ungleichgewichte zwischen Produktion von und Nachfrage nach Elektrizität eine Option dar. Je grösser das zu einem Elektrizitätsverbund vernetzte System ist, desto leichter sollte es sein, Überschüsse und Bedarfsspitzen auszugleichen.

Ein zweites Argument für die Wasserstoffproduktion mit Elektrolyse können lokale Emissionsvorteile sein (z.B. der schadstofffreie Antrieb von Brennstoffzellenfahrzeugen für Städte).

Wasserstoff aus solarchemischen Prozessen

Verfahren für die solarthermische Wasserstoffproduktion wurden in Abschnitt 4.5 vorgestellt. Insbesondere wurde auf Hybridprozesse hingewiesen, in denen fossile Brennstoffe mit Sonnenenergie umgesetzt werden (solar unterstützte carbothermische Reduktion von Metalloxiden, Umsetzung von Metalloxiden mit Methan). Auch die Möglichkeit der solarchemischen Dekarbonisierung von Kohlenwasserstoffen wurde diskutiert.

Ergänzend sei die solarchemische Spaltung von HBr erwähnt, die am National Renewable Energy Laboratory (NREL) untersucht wird,

$$2\,HBr \;\Rightarrow\; H_2 + Br_2. \tag{7.12}$$

Das zweite energiereiche Produkt, Br_2, kann auf verschiedene Arten genutzt oder in Zyklen in den Prozess zurückgeführt werden.

Wasserstoff aus Photochemie und Photoelektrochemie

Konzepte zur photochemischen Wasserstoffproduktion an Halbleiterteilchen basierend auf Elektronenübertragungsreaktionen wurden in Abschnitt 4.6 besprochen.

In der Photoelektrochemie wird die erforderliche Spannung für die Wasserelektrolyse gesenkt, indem auf die mit geeigneten Zusatzstoffen beschichteten Elektroden Licht eingestrahlt wird. Auch hier sind photochemische Elektronenübertragungsreaktionen involviert.

Photobiologische Wasserstoffproduktion

Ansätze, um die Photosyntheseaktivität von Bakterien, Algen und Mikroorganismen für die Wasserstoffproduktion zu nutzen, wurden in Kapitel 3 erwähnt.

7.1.2 Speicherung und Transport von gasförmigem Wasserstoff

Während die gewichtsbezogene Energiedichte von Wasserstoff hoch ist (120 MJ / kg), ist die volumenbezogene Energiedichte geringer als diejenige von Erdöl (42 MJ / kg = 30 MJ / Liter), aber auch als diejenige von Methan. – Über grössere Distanzen wird Wasserstoff in Rohrleitungen transportiert, die für gleichen Energiefluss typisch einen um 50 % grösseren Querschnitt aufweisen als Erdgas-Pipelines.

Der Transport von Wasserstoff in Druckgasbehältern ist heute technisch beherrscht und stellt kein grösseres Sicherheitsrisiko dar als der Transport anderer Energieträger. Das Gewicht eines Wasserstofftanks für ein Fahrzeug wird nicht durch den Wasserstoff, sondern durch den Behälter dominiert. Ein konventioneller Stahlzylinder enthält bestenfalls 1.4 kg H_2 / 100 kg Gesamtgewicht, ein Zylinder aus Verbundmaterial erreicht 8.2 kg H_2 / 100 kg Gesamtgewicht [2].

Die folgende Tabelle illustriert die Problematik für das Äquivalent eines Tankinhaltes von 40 kg Benzin (entsprechend 53 Liter Benzin).

Tab. 7.1 Gewichte und Volumina verschiedener Tankspeicher für Wasserstoff im Vergleich mit einem konventionellen Benzintank

	Benzin (44.6 MJ / kg)	Wasserstoff (120 MJ / kg)
Gewicht ohne Tank	40 kg	15 kg
Gewicht mit Tank	ca. 50 kg	ca. 180 kg (400 bar) bzw. 240 kg (200 bar)
Volumen Treibstoff bei 1 bar	53 Liter	168'000 Liter
Volumen Treibstoff bei 200 bar		840 Liter
Volumen Treibstoff bei 400 bar		420 Liter (3 x 140 Liter)
Volumen mit Tank	ca. 60 Liter	ca. 550 Liter bei 400 bar (3 Flaschen zu 185 Liter)

Die Arbeit für die reversible isotherme Kompression von 1 kmol (2 kg) Wasserstoff von 1 bar auf 400 bar beträgt

$$1000 \, R \, T \ln 400 =$$
$$1000 \, \text{mol} \times 4 \, \text{J mol}^{-1} \, \text{K}^{-1} \times 300 \, \text{K} \times 6 = 7.2 \, \text{MJ}, \tag{7.13}$$

verglichen mit einem Brennwert von 240 MJ. Praktisch muss mit Kompressionsverlusten von 10 - 15 % gerechnet werden.

7.1.3 Speicherung und Transport von flüssigem Wasserstoff

Die Siedetemperatur von Wasserstoff beträgt 20 K (-253 °C). Aufgrund der Dichte von 70 g H_2 / Liter bei 1 bar benötigt die im vorigen Abschnitt verwendete Referenzmenge von 15 kg H_2 ein Volumen von 210 Litern (mit Tank 120 kg bzw. 350 Liter).

Die Abdampfverluste kleiner Kryogefässe (50 - 200 Liter) betragen typisch 1 % / Tag. In grossen Behältern mit 1000 m^3 (10^6 Liter) Inhalt kann Wasserstoff über Wochen mit geringen Verlusten gelagert werden (Raketentechnik, Cape Canaveral).

Die minimale zur Verflüssigung von Wasserstoff notwendige Arbeit setzt sich zusammen aus der Abkühlarbeit von Raumtemperatur auf 20 K abzüglich der Verdampfungswärme (3.9 MJ / kg), im Resultat 12 MJ / kg oder 10 % des Brennwertes. In der Praxis muss beim Verflüssigen mit Energieverlusten in der Höhe von 30 % des Brennwertes (grosse Anlagen) bzw. 50 % des Brennwertes (kleine Anlagen) gerechnet werden.

7.1.4 Wasserstoffspeicherung in Metallhydriden

Werden pulverförmige Metalle oder Metallegierungen unter Druck mit Wasserstoff beladen, so bilden sich Metallhydride unter Wärmefreisetzung gemäss der allgemeinen Gleichung

$$M + x/2\ H_2 \Rightarrow MH_x\,. \tag{7.14}$$

Maximalwerte von x liegen zwischen 1 und 2; damit ergeben sich je nach Atommasse des Metalls Speicherdichten von einigen Gewichtsprozent.

Prozesse bei der Einlagerung sind die Dissoziation des Wasserstoffs an der Oberfläche, die Diffusion des atomaren Wasserstoffs in das Innere des Kornes und die Einlagerung auf Zwischengitterplätzen.

Tab. 7.2 Typische Ensatzbereiche (Temperatur und Druck der Beladung und Entladung) für verschiedene Metallhydride (nach Ref. [3])

	typischer Temperaturbereich	typischer Druckbereich bar	Vertreter	typischer H_2-Gehalt beladen Gew.%
Tieftemperaturhydride	40 - 80 °C	10 - 50	$FeTiH_2$ $CaNi_5H_6$	1 - 2 %
Mitteltemperaturhydride	≥ 100 °C	1 - 5	$TiZrCrMnH_x$	1 - 2 %
Hochtemperaturhydride	≥ 300 °C	1	MgH_2 $MgNiH_4$	bis 8 %

Zur Nutzung kann der Wasserstoff unter Wärmezufuhr entnommen werden, wobei der Druck aufgrund des Phasenübergangs (Metallhydrid $\Rightarrow$ Metall) über einen relativ weiten Bereich der globalen Zusammensetzung konstant bleibt.

Für Anwendungen im Transportwesen ist die Entnahme des Wasserstoffs bei Normaldruck erwünscht. Ein Vorteil der Metallhydridspeicher ist die hohe Sicherheit: Auch bei Freisetzung des Materials an die Atmosphäre entweicht der Wasserstoff nur mit der durch die diffusionslimitierte Zersetzung bestimmten Geschwindigkeit.

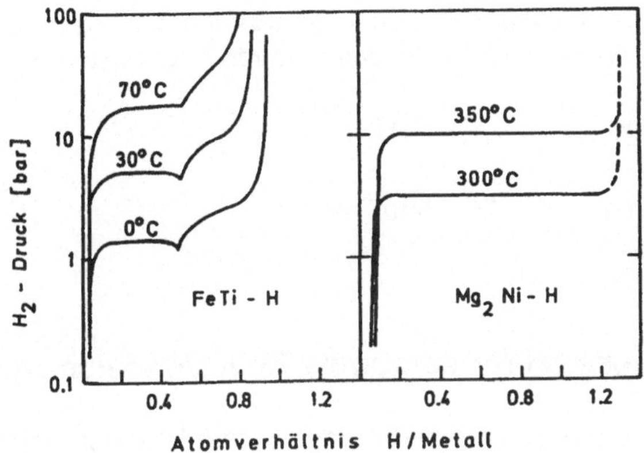

Abb. 7.3 Gleichgewichtsdiagramme für den Wasserstoffdruck über Metallhydriden
als Funktion der Zusammensetzung (aus Ref. [4]).

Nachteile sind die durch diese Kinetik limitierte Geschwindigkeit des Beladens und Entladens des Speichers sowie das Gewicht des Metalls, das mitgeführt werden muss. Leichtmetalle wie Mg erreichen eine höhere Speicherdichte, sind jedoch wegen der erforderlichen Temperaturen $\geq 300\ °C$ für den Einsatz in Fahrzeugen weniger geeignet. Die Verbindung $FeTiH_2$ konnte in Tests bei 20 bar in 4 Minuten beladen werden, allerdings beträt hier der Anteil des gespeicherten Wasserstoffs nur 1.4 Gew.%.

7.1.5 Wasserstoffspeicherung durch Hydrierung organischer Verbindungen

Eine für die Wasserstoffspeicherung intensiv untersuchte Reaktion [5] ist die Hydrierung von Toluol (C_7H_8) zu Methylcyclohexan (C_7H_{14}),

$$C_7H_8 \ (92\ g\,/\,mol) + 3\,H_2 \ \Leftrightarrow \ C_7H_{14} \ (98\ g\,/\,mol). \tag{7.15}$$

Aufgrund des Gewichtsanteils an freisetzbarem Wasserstoff von 6 % und der Dichte von 0.77 kg / Liter benötigt man 245 kg = 320 Liter Methylcyclohexan, um 15 kg Wasserstoff zu produzieren. Allerdings ist diese Speicherreaktion nicht für den Fahrzeugeinsatz konzipiert, da die Freisetzung von Wasserstoff aus Methylcyclohexan durch katalytische Dehydrierung langsam abläuft und nur in einer grosschemischen Anlage sinnvoll und ökonomisch durchgeführt werden kann.

Andere Speicherreaktionen, welche geprüft wurden, sind die Hydrierung von Toluol zu Heptan und die Hydrierung von Naphthalin zu Dekalin.

$$C_7H_8 \quad + 4\,H_2 \quad\Rightarrow\quad C_7H_{16} \tag{7.16}$$

$$C_{10}H_8 \quad + 5\,H_2 \quad\Leftrightarrow\quad C_{10}H_{18}\,. \tag{7.17}$$

7.1.6 Wasserstoff für saisonale Energiespeicherung

Das Schweizer Elektrizitätsversorgungssystem ist durch hohe Produktion im hydrologisch ergiebigen Sommerhalbjahr und durch Verbrauchsspitzen im Winterhalbjahr gekennzeichnet. Dieses Ungleichgewicht wird durch Pumpspeicherwerke in den Alpen ausgeglichen. In einer kürzlich abgeschlossenen Studie [5,6] wurde die saisonale Zwischenspeicherung über Wasserstoff als Alternative zur Erweiterung eines Pumpspeicherwerkes evaluiert.

Die Modellannahmen sind in der folgenden Graphik zusammengefasst. Während des Sommerhalbjahres werden 1000 GWh an elektrischer Energie zur Wasserstoffproduktion verwendet und der produzierte Wasserstoff durch Hydrierung von Toluol gespeichert. Im Winterhalbjahr wird der Wasserstoff durch Dehydrierung zurückgewonnen; anschliessend wird in einer Hochtemperaturbrennstoffzelle (solid oxide fuel cell) wieder elektrische Energie erzeugt.

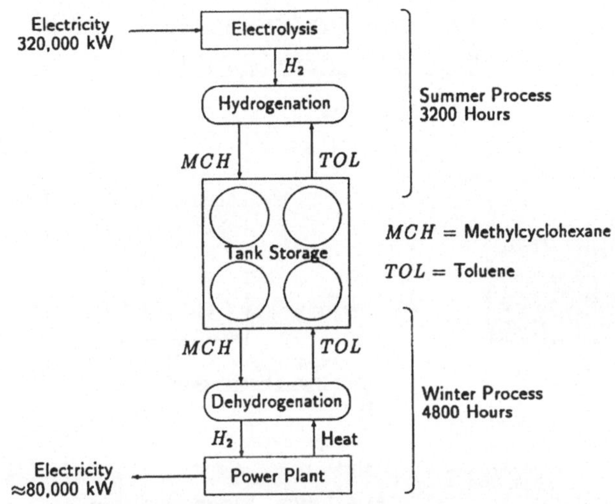

Abb. 7.4 Prinzipschema des MTH-Prozesses für die saisonale Speicherung von Elektrizität (aus Ref. [6]).

Der Gesamtwirkungsgrad des Prozesses (von Elektrizität zu Elektrizität) liegt zwischen 25 und 40 %, wobei Details der Wärmerückgewinnung (Nutzung der Abwärme der Hochtemperaturbrennstoffzelle für die endotherme Dehydrierung) eine entscheidende Rolle spielen.

Seasonal Energy Storage as Hydrogen in Liquid Organic Hydrides

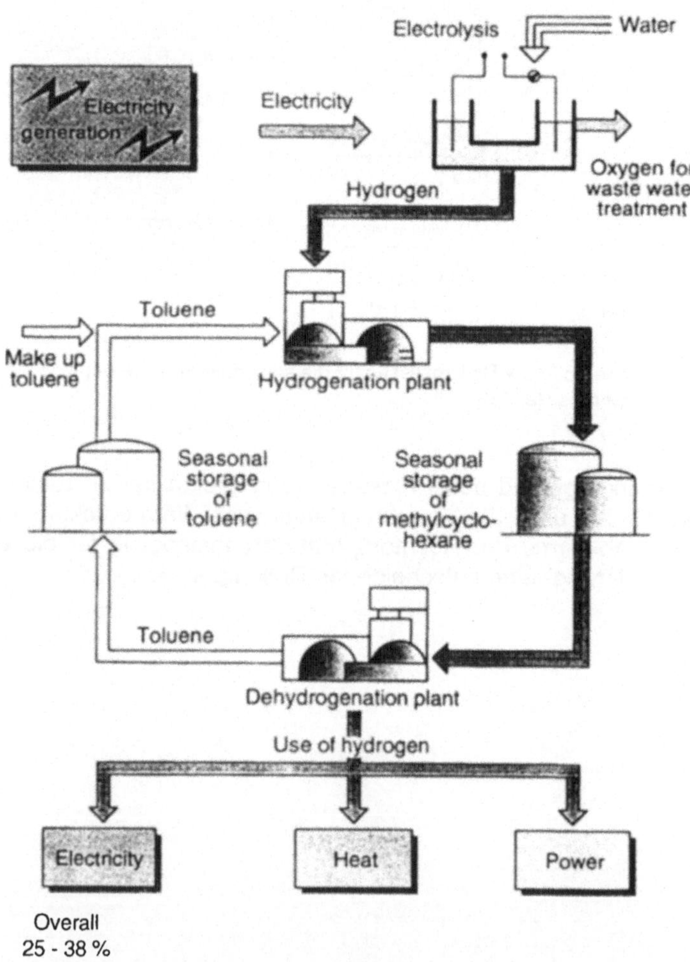

Abb. 7.5 Schema des Prozesses für die saisonale Energiespeicherung durch Hydrierung / Dehydrierung (aus Ref. [5]).

Die folgenden Tabellen zeigen die für die Rechnung verwendeten spezifischen Kosten, sowohl bezogen auf die Einheit der Leistung als auch auf die produzierte Einheit elektrischer Energie.

Tab. 7.3 Investitionskosten für Komponenten des saisonalen Speicherprozesses
(aus Ref. [6])

Elektrolyse	400	$/kW$_{in}$
Hydrierung	141	$/kW
Dehydrierung	282	$/kW
Kraftwerk	1'500	$/kW$_{out}$
Tanklager	250	$/m^3$
Toluol	0.26	$/kg

Tab. 7.4 Beiträge zu den jährlichen Kosten und den Energieerzeugungskosten für eine
Energiespeicherungsanlage mit den in Abb. 7.4 gezeigten Spezifikationen
(aus Ref. [6])

	Investitionskosten	jährliche Kosten	spezifische Kosten
Sommerelektrizität		30 M$/Jahr	0.077 $/kWh
Elektrolyse	128 M$	19 M$/Jahr	0.049 $/kWh
Hydrierung	34 M$	5 M$/Jahr	0.013 $/kWh
Dehydrierung	45 M$	7 M$/Jahr	0.017 $/kWh
Kraftwerk	121 M$	18 M$/Jahr	0.047 $/kWh
Tanklager	120 M$	10 M$/Jahr	0.025 $/kWh
Toluol	90 M$	1 M$/Jahr	0.010 $/kWh
Total	538 M$	96 M$/Jahr	0.247 $/kWh

Die ökonomische Gesamtanalyse ergab für das optimierte System Stromgestehungskosten von 0.23 $ / kWh. Eine 'best case' Analyse unter Verwendung der günstigsten plausiblen Parameterwerte führte zu Produktionskosten von 0.17 $ / kWh. Diese Werte sind mit dem Preis von Spitzenlaststrom aus einem Pumpspeicherwerk zu vergleichen.

Als Parameter mit dem grössten Einfluss auf den Stromgestehungspreis wurden (in dieser Reihenfolge) der Wirkungsgrad der Brennstoffzelle für die Verstromung des Wasserstoffs, die Kosten der im Sommer verfügbaren Überschusselektrizität, die Kosten des Elektrolyseurs, die Effizienz der Dehydrierungsreaktion und die Bilanz der Wärmerückgewinnung identifiziert.

7.2 Bindung von CO_2

Die Problematik der anthropogenen CO_2-Emissionen wurde bereits im Kapitel 1 erwähnt. Auf mögliche Konsequenzen für das Klima und globale Veränderungen wird im Abschnitt 8.4 eingegangen.

In den vorangegangenen Abschnitten wurde das Potential der erneuerbaren Energien zur Substitution fossiler Brennstoffe analysiert. Komplementär dazu sucht man international nach Methoden, das CO_2 nach dessen Entstehung (z.B. in Verbrennungsprozessen) zurückzuhalten und zu deponieren bzw. zu immobilisieren.

Eine umfangmässig kleine, aber vom Konzept her attraktive 'Senke' für CO_2 ist dessen chemische Nutzung. Diese kann auch mit der Funktion der Energiespeicherung verknüpft werden; als Beispiel werden wir die Synthese von Energieträgern ausgehend von Kohlendioxid und Wasserstoff diskutieren.

Das Potential der genannten Massnahmen für die Aufnahme von CO_2 im Zeitraum 1990 - 2100 wurde auf ein Äquivalent von 100 - 300 GtC abgeschätzt [7]. Diese Grösse ist mit den gegenwärtigen jährlichen Emissionen von 7 - 8 GtC / a zu vergleichen. Daraus wird klar, dass die Entfernung von CO_2 nur eine Säule in einem konzertierten Massnahmenpaket darstellt, welches u.a. folgende weitere Strategien umfasst:

- Erhöhung der energetischen und stofflichen Effizienz chemischer Prozesse

- Nutzung erneuerbarer Energien

- Wahl von Brennstoffen mit geringen spezifischen CO_2-Emissionen

- Aufforstung, CO_2-Speicherung in Biomasse.

Tab. 7.5 Kumulatives Potential der Massnahmen für Speicherung und Nutzung
von CO_2 [7]

Technologie	Potential
Einlagerung in erschöpfte Erdgasfelder	90 - 400 GtC
Einlagerung in erschöpfte Erdölfelder	40 - 100 GtC
Einpumpen in salzwasserführende Schichten	90 - >1000 GtC
Deposition in den Weltmeeren	400 - >1200 GtC
Chemische Nutzung	0.1 - 1 GtC *pro Jahr*

7.2.1 Rückhaltung und Abtrennen von CO_2

Verfahren zum Auffangen von CO_2 setzen dort an, wo das Gas in hohen
Konzentrationen anfällt:

- Abgase fossil befeuerter Kraftwerke, bes. Gasturbinen

- Verbrennung bzw. Vergasung von Biomasse

- Zementproduktion

- Erdgasförderung aus Feldern mit hohem CO_2-Anteil.

Ein prüfenswerte Möglichkeit, um die Separation von CO_2 zu erleichtern
bzw. zu erübrigen, ist die Verbrennung in sauerstoffangereicherter Luft
bzw. in reinem Sauerstoff. Zu bedenken sind allerdings die Kosten der
Sauerstoffproduktion (durch Adsorption) und die notwendigen Änderungen an den Apparaturen (höhere Verbrennungstemperaturen, Schwierigkeiten bei der Abgasrückführung).

Absorption

Chemische Absorptionsverfahren nützen die Acidität des CO_2-Moleküls. Das CO_2-haltige Abgas wird durch eine wässrige Lösung gepumpt, welche eine Base B enthält, und reagiert nach der Gleichung

$$CO_2 + H_2O + B \Leftrightarrow BH^+ HCO_3^- \tag{7.18}$$

In der Praxis werden verwendet:

- anorganische Laugen wie NaOH, Na_2CO_3, K_2CO_3

- organische Basen wie Mono-, Di- und Tri-ethanolamin, Di-isopropanolamin, 'designer solvents' [7b].

Physikalische Absorptionsverfahren nutzen das Lösevermögen für CO_2 von Lösemitteln wie Methanol, Polyethylenglycol-dimethylether, Propylencarbonat, Sulfolan, N-methyl-2-pyrrolidon.

Die Löslichkeit eines Gases in einer Flüssigkeit steigt generell mit dem Druck und sinkt bei Erhöhung der Temperatur. Deshalb wird in einer typischen Trennanlage das Abgas bei erhöhtem Druck durch die kalte Absorptionslösung geleitet und anschliessend in der zweiten Stufe bei Normaldruck das CO_2 (zusammen mit anderen flüchtigen Säuren) ausgetrieben und das Lösemittel regeneriert.

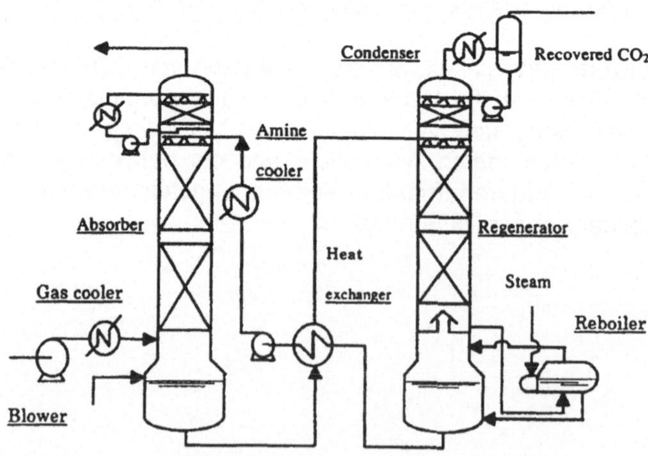

Abb. 7.6 Prinzipschema einer Anlage für die Rückhaltung von CO_2 aus Abgasen durch Absorption und anschliessende Regenerierung des Lösemittels (aus Ref. [7a]).

Der minimale Energieaufwand für die Abtrennung besteht aus

- der Enthalpie der Reaktion von CO_2 mit B

- der fühlbaren Wärme zum Erwärmen der Lösung (teilweise rückgewinnbar)

- der zur Dampferzeugung benötigten Wärme

- der Kompressions- und Pumpenergie.

Eine grosse Anlage zur CO_2-Rückhaltung basierend auf dem Absorptionsverfahren wurde im erdgasbefeuerten Kraftwerkkomplex Lummus Crest (North Carolina) installiert. Das gewonnene CO_2 wird als Prozessgas für die Lebensmittelindustrie verkauft.

Adsorption

Adsorptionsverfahren beruhen auf der Physisorption des CO_2-Moleküls auf Stoffen mit einer hohen inneren Oberfläche (z.B. verschiedene Formen von Aktivkohle, Molekularsiebe als Festbett-Schüttungen).

- Pressure swing adsorption (PSA):
  Das Abgas wird bei hohem Druck über den Adsorber geleitet. Wenn dessen Kapazität erschöpft ist (nahezu vollständige Beladung der Oberfläche), wird der Fluss umgestellt und das CO_2 bei niedrigem Druck mit einem Spülstrom eluiert.

- Temperature swing adsorption (TSA):
  Die Methode verfährt analog durch Zyklen zwischen niedriger und höherer Temperatur.

Membrantechniken

Gastrennmembranen nützen die unterschiedliche Permeabilität von Polymeren für CO_2 und Kohlenwasserstoffe. Eine typische Geometrie der Anlage ist ein Hohlzylinderbündel. Im Inneren der Zylinder strömt das CO_2-haltige Erdgas unter erhöhtem Druck. Kohlendioxid tritt selektiv durch die Membranen und wird auf der Aussenseite der Zylinder bei niedrigem Druck abgezogen.

Gastrennmembranen werden in der Erdgas- und in der Raffinerieindustrie erfolgreich eingesetzt; für die Abtrennung von CO_2 aus der komplexen Mischung eines Verbrennungsabgases sind sie weniger geeignet.

Gasabsorptionsmembranen werden zwischen der Gasmischung und der Absorptionslösung angeordnet. Nach dem selektiven Durchtritt wird das CO_2 in der Lösung absorbiert. Diese Anordnung ermöglicht das unabhängige Einstellen von Gas- und Flüssigkeitsströmen und vermeidet verfahrenstechnische Probleme beim Durchleiten grosser Gasvolumina durch Waschflüssigkeiten.

Kryotechniken

Die kryogene Trennung beruht auf der mehrstufigen Abkühlung des Gases bis zum Auskondensieren des CO_2 (kritische Temperatur 31 °C, Tripelpunkt -56.6 °C). In Gegenwart von Wasserdampf bringt die Bildung von Eis und Klathraten grosse Schwierigkeiten mit sich.

Die Tabelle 7.6 zeigt den Energieaufwand für die kryogene CO_2-Separation ($\Rightarrow$ Wirkungsgradverlust) in einem kohlebefeuerten Gas-Dampf-Kombikraftwerk. Sie illustriert gleichzeitig die vollständigere Abtrennung bei Verwendung von Sauerstoff als Verbrennungsmedium und die mit dem erhöhten Energieaufwand verbundene Erhöhung der Stromerzeugungskosten in US-Cents/kWh.

Tab. 7.6 Änderungen im Wirkungsgrad und in den Elektrizitätserzeugungskosten eines Gas-Dampf-Kombikraftwerkes beim Einsatz kryogener CO_2-Separationstechniken (aus Ref. [9])

	Verbrennung mit Luft		Verbrennung mit Sauerstoff	
	ohne CO_2-Separation	mit kryogener CO_2-Separation	ohne CO_2-Separation	mit kryogener CO_2-Separation
Gesamtwirkungsgrad / %	40.6	34.7	33.0	27.1
CO_2-Emission kg/MWh	809	210	1070	13
Elektrizitätserzeugungskosten ¢/kWh	6.4	7.8	8.5	10.9

7.2.2 Geologische Lagerung von CO_2

Lagerstätten von Erdgas und Erdöl sind natürliche Hohlräume in geologischen Formationen, die sich über Hunderte von Millionen Jahren als dicht erwiesen haben. Das Konzept der geologischen Lagerung besteht darin, das CO_2 in erschöpfte Erdgas- oder Erdölfelder zu pumpen. Um eine ausreichend hohe Speicherdichte zu erreichen, soll das CO_2 als superkritisches Fluidum vorliegen, d.h.

$$p > p_{crit} = 74 \text{ bar} \qquad \text{und} \qquad \theta > \theta_{crit} = 31 \text{ °C.} \tag{7.19}$$

Das Diagramm illustriert, dass diese Bedingungen aufgrund des geothermischen Gradienten beide ab einer Tiefe von 740 m erfüllt sind.

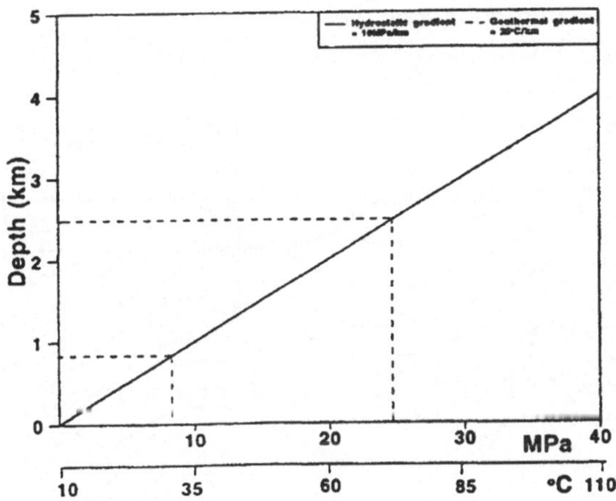

Abb. 7.7 Zunahme der Temperatur und des hydrostatischen Druckes als Funktion der Tiefe und der Erdoberfläche (aus Ref. [8]).

Die weltweit einzige industrielle Anlage zur CO_2-Entsorgung beruht auf diesem Konzept. Sie ist auf einer Erdgasplattform (Sleipner West) in der Nordsee installiert, auf welcher Erdgas mit einem CO_2-Gehalt von > 5 % gewonnen wird. Das CO_2 wird abgetrennt und in ein naheliegendes erschöpftes Erdgasfeld gepumpt. Aufgrund der in Norwegen eingeführten CO_2-Steuer ist das Verfahren für den Betreiber rentabel.

Eine Alternative zur Einlagerung in Erdgaslagerstätten ist die Injektion in wasserführende Schichten unter dem Meer (saline aquifers), die von einer Deckfelsschicht (cap rock) überdeckt sind. In günstigen Fällen besitzt die Schicht domartige Hohlräume unter dem Deckfelsen. Da überkritisches CO_2 weniger dicht ist als Wasser, steigt es bis zur Decke dieser Dome und bleibt dort gefangen.

Im Gegensatz zu den fossilen Lagerstätten ist die Dichtheit der wasserführenden Schichten nicht 'erwiesen'. Man betrachtet diese Einlagerung also als eine Zwischenlösung über Zeiten, die signifikant länger sein sollen als die Nutzungszeit fossiler Brennstoffe. Es muss das Risiko abgeschätzt werden, dass das CO_2 durch Brüche oder Transportvorgänge wieder an die Oberfläche gelangt. Zur Bewertung können Untersuchungen an natürlichen diffusiven (Mammoth Mountain) oder vulkanischen CO_2-Emissionen herangezogen werden.

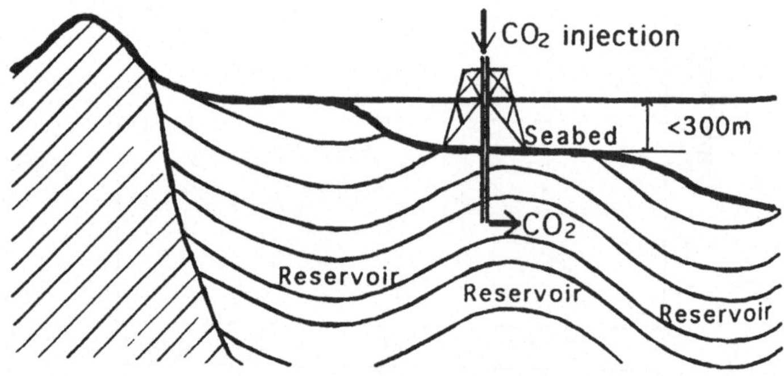

Abb. 7.8 Einlagerung von CO_2 in wasserführende Schichten unter dem Meeresboden (aus Ref. [7a]).

7.2.3 Deposition von CO_2 in den Ozeanen

In Tiefen von mehr als 300 m bildet CO_2 bei Wassertemperaturen von $\leq 5\,^\circ C$ ein Hydrat, das aufgrund der höheren Dichte am Meeresboden bliebt. In darunterliegende Schichten könnten grosse Mengen an CO_2 eingepumpt werden. Allerdings ist das Bohren in diesen Tiefen schwierig und kostspielig.

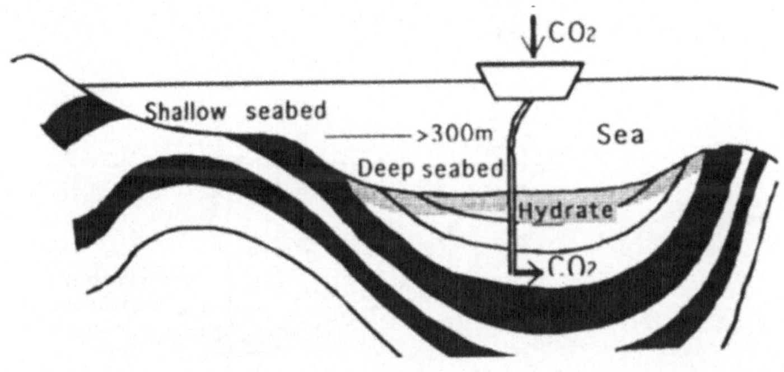

Abb. 7.9 Deposition von CO_2 als CO_2-Hydrat (Klathrat) in Becken am Ozeanboden bei Tiefen von > 300 m (aus Ref. [7a]).

Ab einer Tiefe von > 3000 m ist flüssiges CO_2 dichter als Meerwasser, ab 3700 m dichter als CO_2-gesättigtes Meerwasser. Bei Injektion in diese Tiefen bildet sich ein See aus flüssigem CO_2, der von CO_2-Hydrat und CO_2-gesättigtem Wasser umgeben ist. Aufgrund seiner Dichte sinkt das CO_2 möglicherweise unter die lockeren Sedimentschichten am Meeresboden.

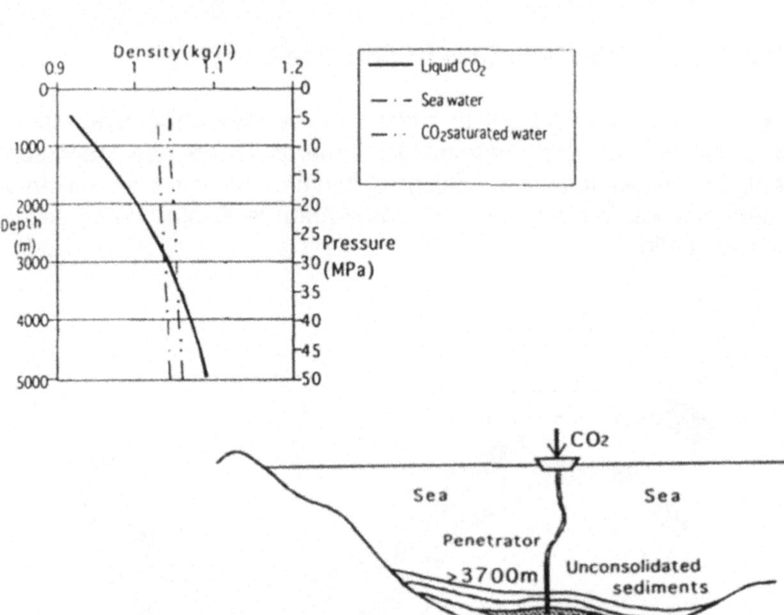

Abb. 7.10 Deposition von flüssigem CO_2 am Meeresboden durch Einleiten in Tiefen > 3000 m (aus Ref. [7a]).

Ein weiteres Konzept besteht im Einleiten von flüssigem CO_2 in das freie Meerwasser in Tiefen von ca. ≥ 500 m. Voraussetzung für die permanente Deposition in dieser Tiefe (hier gilt noch $\rho_{CO_2} < \rho_{H_2O}$!) ist die Auflösung des Tropfens unter Bildung eines Klathrat-Hydrates, das aufgrund seiner grösseren Dichte weiter absinkt.

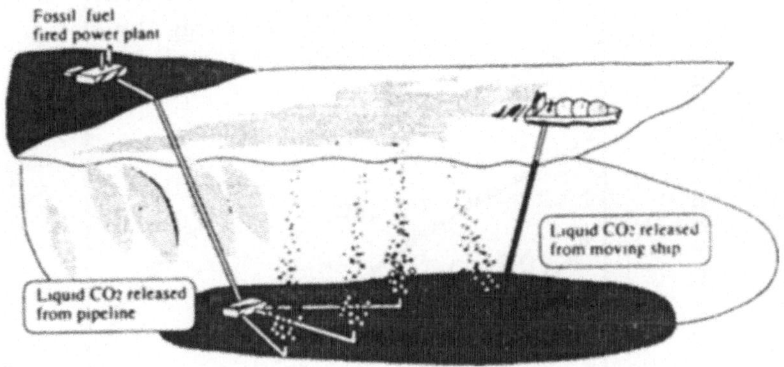

Abb. 7.11   Einleiten von CO_2 in das Meerwasser bei Tiefen von ≥ 500 m.
Durch Ausbilden des Klathrates wird das Aufsteigen an die Meeresoberfläche
verhindert (aus Ref. [7a]).

Je tiefer die Austrittsöffnung, desto grösser dürfen die Tropfen des abge-
gebenen flüssigen CO_2 sein, für die eine vollständige Auflösung gewähr-
leistet ist. Simulationen unter Einschluss der Hydrodynamik zeigen, dass
die Abgabe von einem fahrenden Schiff in jeweils frisches Wasser günstiger ist als von einer stationären Anlage, bei welcher das CO_2 in eine
Fahne aus vorher gebildetem CO_2-Klathrat abgegeben wird.

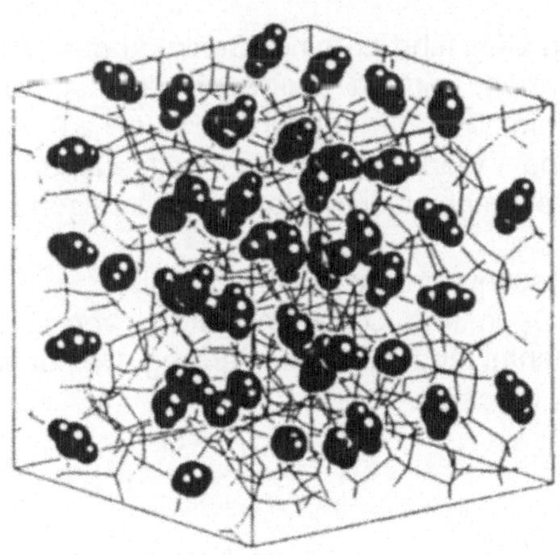

Abb. 7.12   Struktur des Wassernetzwerkes in einem CO_2-Klathrat-Hydrat (aus Ref. [7a]).

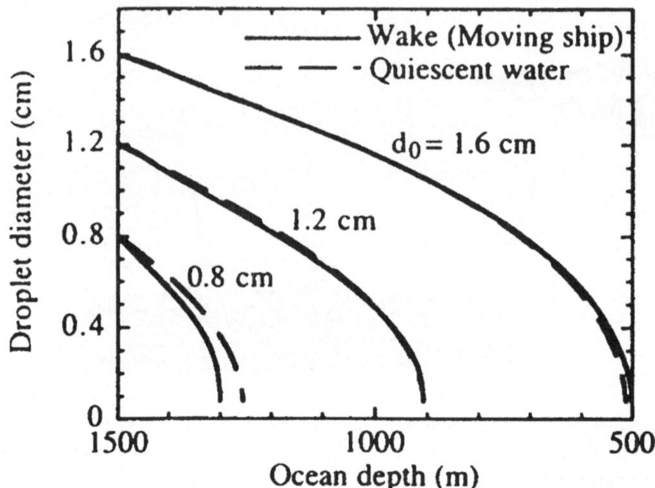

Abb. 7.13 Auflöseverhalten von Tropfen flüssigen Kohlendioxids als Funktion ihrer Grösse (aus Ref. [9]). In einer Tiefe von 1500 m werden CO_2-Tropfen mit einem Durchmesser von 0.8, 1.2 bzw. 1.6 cm abgegeben. Gezeigt wird die Abnahme des Tropfenradius während des Aufsteigens zu geringeren Tiefen.

Ökologische Aspekte

Die Deposition von CO_2 führt zu einer Senkung des pH. Um die kritische Grenze zu bestimmen, wurden ausgedehnte Tests an repräsentativen Bakterien und Nematoden durchgeführt. Für pH ≥ 6 waren die mittleren Lebensdauern und Wachstumsraten weitgehend unverändert, für pH < 5.5 beobachtete man signifikante Beeinträchtigung.

Eingehende Untersuchungen zu den biologischen Konsequenzen der Deposition von CO_2 in den Ozeanen wurden von O. Johannessen am Nanson Environmental and Remote Sensing Center in Bergen durchgeführt (http://www.nrsc.no).

7.2.4 Chemische Nutzung von CO_2

Aufgrund seiner geringen chemischen Reaktivität eignet sich CO_2 sehr gut als

- Kältemittel

- Treibgas

- Inertgas.

Die Lage des kritischen Punktes (74 bar, 31 °C) macht es relativ einfach, überkritisches CO_2 als Lösemittel zu nutzen. Gegenüber konventionellen Lösemitteln besteht ein Vorteil darin, dass polare und apolare Substanzen sowie reaktive Gase gleichzeitig gelöst werden können.

Überkritisches CO_2 findet Anwendung in Extraktionsprozessen sowie bei der Beseitigung von Schadstoffen, Abfällen und chemischen Kampfstoffen (superkritische Oxidation).

Bei der sekundären Erdölgewinnung (enhanced oil recovery, EOR) wird CO_2 in teilweise erschöpfte Erdöllagerstätten gepumpt. Die Ansammlung des CO_2 unter dem Deckgestein der unterirdischen Kavitäten führt zu einem Druckaufbau und zu einem Austreiben von Erdöl aus den Hohlräumen (vgl. Abschnitt 7.2.2, geologische Lagerung).

Die Umsetzung mit Wasserstoff zum synthetischen Treibstoff Methanol

$$CO_2 + 3\,H_2 \Leftrightarrow CH_3OH + H_2O \tag{7.20}$$

ist eine effiziente Energiespeicherungsreaktion. Aus Methanol kann Wasserstoff durch endotherme Dampfreformierung (Umkehrung der Synthesereaktion) oder durch partielle Oxidation zurückgewonnen werden,

$$CH_3OH + \tfrac{1}{2}\,O_2 \Rightarrow CO_2 + 2\,H_2 \,. \tag{7.21}$$

Diese interessante, z.B. durch $Pd\,/\,Al_2O_3$ - katalysierte exotherme Reaktion zeichnet sich dadurch aus, dass die Kohlenstoffkomponente in Gegenwart des produzierten Wasserstoffs bis zur Stufe +IV (CO_2) oxidiert wird.

Durch Umsetzung von CO_2 mit Ammoniak entstehen primäre, sekundäre und tertiäre Amine gemäss der Gleichung

$$n\ CO_2 + NH_3 + 3n\ H_2 \quad \Rightarrow \quad NH_{3-n}(CH_3)_n + 2n\ H_2O \ . \qquad (7.22)$$

Neu findet CO_2 als Ausgangsstoff für die Synthese von Carbonaten und Carbamaten Beachtung [10] :

$$CO_2 + 2\ ROH \quad \Rightarrow \quad RO\text{-}CO\text{-}OR + H_2O$$
$$R = CH_3\text{-}, \quad \text{Phenyl- etc.} \qquad (7.23)$$

$$CO_2 + C_2H_4O\ \text{(Ethylenoxid)} \quad \Rightarrow \quad \text{Ethylencarbonat} \qquad (7.24)$$

$$CO_2 + C_3H_6O\ \text{(Propylenoxid)} \quad \Rightarrow \quad \text{Propylencarbonat} \qquad (7.25)$$

$$CO_2 + \text{subst. Epoxide} \quad \Rightarrow \quad \text{Polycarbonate.} \qquad (7.26)$$

Die Umsetzung von CO_2 mit einem primären Amin liefert ein Carbamatanion,

$$CO_2 + 2\ RNH_2 \quad \Rightarrow \quad RNH\text{-}COO^-\ RNH_3^+. \qquad (7.27)$$

Durch Umsetzung mit einem Elektrophil $R'X$ entstehen sekundäre und tertiäre Amine ($RR'NH$, RR'_2N) sowie quaternäre Ammoniumverbindungen ($RR'_3N^+\ X^-$).

7.2.5 Biologische Bindung von CO_2

Verfahren für die biologische Fixierung von CO_2 reichen von der Aufforstung über Mikroalgen-Kulturen bis zu Photo-Bioreaktoren und zur photobiologischen Wasserstoffproduktion.

Algenkulturen würden in grossen Gefässen oder Teichen kultiviert und geerntet, um daraus z.B. synthetische Brennstoffe herzustellen. Voraussetzungen sind niedrige Kultivierungskosten, hohe Produktionsraten (Wirkungsgrade von 10 % bei der Nutzung der einfallenden Sonnenenergie) und die Verfügbarkeit der notwendigen Landflächen und Wassermengen. Auch Projekte für Algenkulturen auf Ozeanflächen wurden formuliert [7].

Literatur

[1]   Veziroglu, T.N. (Ed.): Hydrogen Energy - Parts A and B. New York: Plenum 1975

[2]   Hoffmann, U.V.: Wasserstoff - Energie mit Zukunft, Einblicke in die Wissenschaft. Zürich: vdf, 1994 (populärwissenschaftlich)

[3]   Schlapbach, L., Fischer, P., Schenck, A. Yvon, K. (Eds.): Int. Symp. on Metal Hydrogen Systems. Les Diablerets: Book of Abstracts 1996

[4]   Diekmann B., Heinloth, K.: Energie. Stuttgart: Teubner 1997

[5]   Newson, E., Haueter, Th., Hottinger, P., von Roth, F., Scherer, G.W.H., Schucan, Th.H.: Seasonal storage of hydrogen in stationary systems with liquid organic hydrides. Hydrogen Energy Progress XI, Vol. 2, 1017-1026 (1996)

[6]   Scherer, G.W.H.: Systems and Economic Analysis of the Seasonal Storage of Electricity with Liquid Organic Hydrides. Zürich: ETH-Dissertation 1997

[7]   a)   Herzog, H.J. (Ed.): Proc. Third Int. Conf. on Carbon Dioxide Removal. Energy Conv. Mgmt., Vol. 38 (Supplement), 1-689 (1997)
       b)   Eliasson, B., Riemer, P., Wokaun, A. (Eds.): Proc. Fourth Int. Conf. on Greenhouse Gas Control Technologies (GHGT-4), Interlaken 1998. Amsterdam: Elsevier 1999

[8]   Ormerod, B.: The disposal of carbon dioxide from fossil fuel fired power stations. Cheltenham: IEA Greenhouse Gas R&D Programme 1994

[9]   Hirai, S.: Ocean Storage of CO_2 - A Review of Oceanic Carbonate and CO_2 Hydrate Chemistry. Cheltenham: IEA Greenhouse Gas R&D Programme 1997

[10]   Aresta, M., Quaranta, E.: Carbon dioxide: A substitute for phosgene. Chemtech, March 1997, 32-40

8 Auswirkungen der Energienutzung auf Atmosphäre und Klima

Ökonomische Kriterien, insbesondere die Energie-Gestehungskosten, beeinflussen wesentlich die Chancen der Markteinführung von Technologien zur Nutzung der erneuerbaren Energien. Energiedienstleistungen sind, gemessen an ihrem Wert im Vergleich zu anderen Dienstleistungen, ausserordentlich billig. Der Grund liegt bekanntlich darin, dass Erzeuger und Verbraucher die durch die Energienutzung verursachten Kosten nur teilweise tragen. Eine Internalisierung dieser externen Kosten besitzt nur dann eine Chance der Realisierung, wenn es gelingt, diese Konsequenzen zu quantifizieren und zu monetarisieren.

Zum Erreichen dieses Zieles sind drei Schritte notwendig:

- zuverlässige Erfassung der Emissionen

- Quantifizierung der daraus resultierenden Immissionen und Umweltbelastungen

- monetäre Bewertung der verursachten gegenwärtigen und zukünftigen Schäden.

8.1 Erfassung der Emissionen

Energiebedingte Emissionen [1] entstehen zentral in Energieversorgungseinrichtungen und dezentral in den klassischen Sektoren der Volkswirtschaft, d.h.

- Hauhalte

- Industrie

- Gewerbe, Dienstleistungen, Landwirtschaft

- Verkehr.

Da es offensichtlich unmöglich ist, alle Emissionen zu messen, geht man folgendermassen vor:

- Durchführung detaillierter Messungen an ausreichend grossen Stichproben der relevanten Einheiten (z.B. Kraftwerk, Heizung, industrielle Anlage, Prozess, Fahrzeug)

- Berücksichtigung der Struktur des Wirtschaftssystems (z.B. Anteile der verschiedenen Kraftwerkstechnologien, der verschiedenen Arten von Heizungssystemen etc.)

- Berechnung der Gesamtemissionen aus den statistischen volkswirtschaftlichen Daten. Je nach Situation sind diese detailliert oder pauschal in Form von Input / Output - Grössen verfügbar.

Analoges gilt für die räumliche Verteilung der Emissionen. Einige wenige grosse Punktquellen (Kraftwerke) sind gut bekannt. Stichprobenartig können für einzelne Schadstoffe lokale Konzentrationsprofile als Funktion der Höhe oder der Position gemessen werden. Mit der Representativität solcher Messungen und der Frage der Standortwahl haben sich intensive Untersuchungen beschäftigt. Um die Punktmessungen zu flächendeckenden Aussagen zu verdichten, stehen je nach Situation verschiedene Möglichkeiten zur Verfügung:

- Flugmessungen

- Auswertung von Satellitenaufnahmen

- Verwendung statistischer Daten, z.B. Berechnung der Linienemissionen von Schadstoffen entlang von Verkehrsadern anhand der Fahrzeugfrequenzen.

Emissionen können auf vielerlei Arten eingeteilt werden. Die folgende Aufzählung nennt einige wichtige Klassen.

anorganische Verbindungen

- Kohlenoxide (CO aus unvollständiger Verbrennung, CO_2)

- oxidierte Stickstoffverbindungen (NO, NO_2 aus Verbrennungsprozessen, Düngemitteln)

- reduzierte Stickstoffverbindungen (v.a. NH_3 aus Landwirtschaft, Düngemitteln, Produktion von Polymeren, Sprengstoffen, Kühlmitteln, industriellen Prozessen)

- oxidierte Schwefelverbindungen (SO_2 aus der Verbrennung schwefelhaltiger Energieträger)

- reduzierte Schwefelverbindungen (Erdgasförderung, Industrie, Vulkane)

- Ozon (vgl. 8.2)

- Halogenverbindungen (HCl: Industrie und Kehrichtverbrennung, HOCl und ClO: Industrie, photochemische Folgeprodukte; HF: Industrie, Aluminiumelektrolyse)

- Metalle (z.B. Quecksilber, Cadmium aus industriellen Prozessen, Batterien).

organische Verbindungen

- Methan (Rinderhaltung, Reisanbau, Lecks bei der Erdgasnutzung)

- andere flüchtige organische Verbindungen (non-methane volatile organic compounds, NMVOC; hauptsächlich aus industriellen Porzessen)

- halogenhaltige organische Verbindungen (Lösemittel, Kühlmittel, Treibgase, industrielle Prozesse).

Die Klimarelevanz der CO_2-Emissionen, die mit der Nutzung fossiler Energieträger intrinsisch verknüpft ist, wird nochmals im Abschnitt 8.4 diskutiert. Auf das troposphärische Ozon, welches während des Transportes aus Vorläufersubstanzen entsteht, wird im Abschnitt 8.2 eingegangen.

Eine zweite mögliche Einteilung resultiert aus den Typen der Auswirkungen, z.B.

- global warming potential (GWP)

- ozone depletion potential (ODP), Auswirkungen auf das stratosphärische Ozon

- photochemisches Ozon-Erzeugungspotential, Generierung von troposphärischem Ozon

- Wirkung auf menschliche Gesundheit, Beurteilung durch MAK-Werte

- Wirkung auf Pflanzen

- Wirkung auf Boden und Wasser

- Wirkung auf Materialien (Gebäude, Infrastruktur).

In der Schweiz werden detaillierte Erhebungen durch das BUWAL (Bundesamt für Umwelt, Wald und Landschaft) durchgeführt [2]. Die Abbildungen 8.1 - 8.3 dokumentieren die Reduktion des SO_2-Ausstosses der Heizsysteme durch den Ersatz von Kohle und die Entschwefelung des Heizöls, die temporäre Reduktion der Stickoxidemissionen durch die Einführung des geregelten Katalysators und deren Verharren auf hohem Niveau durch die Zunahme des Verkehrsaufkommens.

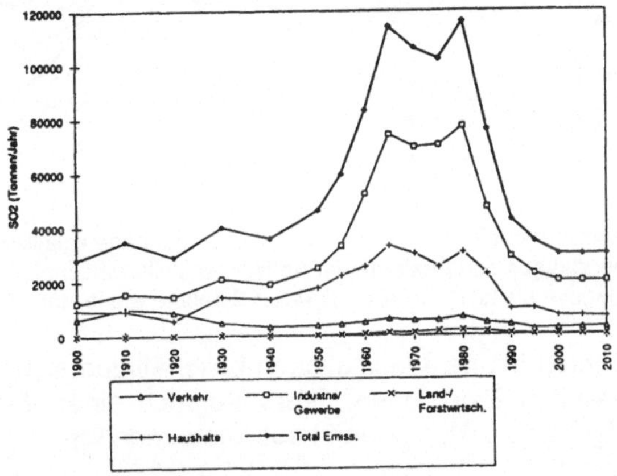

Abb. 8.1 SO_2-Emissionen aus den Sektoren der Schweizer Volkswirtschaft mit Prognose bis 2010 (Quelle: BUWAL).

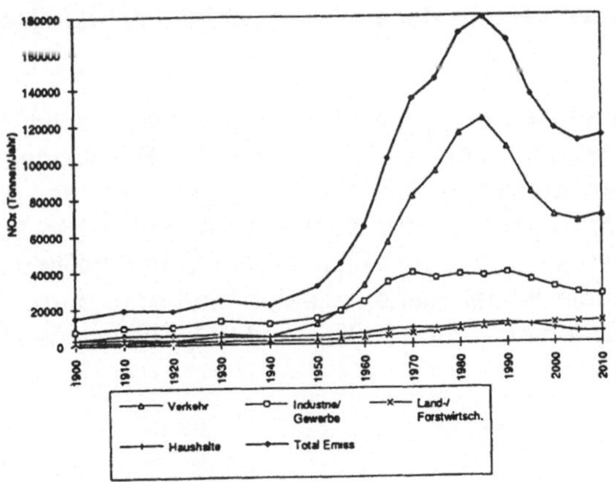

Abb. 8.2 Stickoxid-Emissionen aus den Sektoren der Schweizer Volkswirtschaft mit Prognose bis 2010 (Quelle: BUWAL).

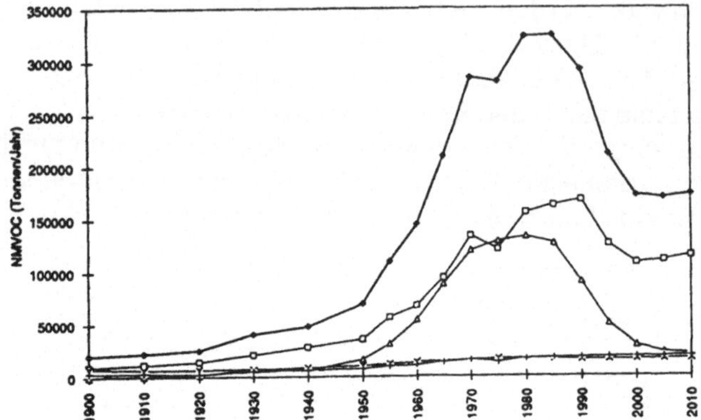

Abb. 8.3 Kohlenwasserstoff-Emissionen (NMVOC: non-methane volatile organic
compounds) aus den Sektoren der Schweizer Volkswirtschaft
mit Prognose bis 2010 (Quelle: BUWAL; Symbole wie in Abb. 8.2).

Verschiedene internationale Institutionen beschäftigen sich mit der Erfassung der weltweiten Emissionen. Jeder Versuch einer Voraussage von deren zukünftiger Entwicklung beruht auf Annahmen für

- das Bevölkerungswachstum

- den (Primär-)Energieverbrauch pro Kopf der Bervölkerung und

- den Anteil der verschiedenen Energieträger an der Deckung dieses Bedarfs.

Die 'Weltkarte' in Abbildung 8.4 [3] zeigt für USA, Italien, Indien, China, Nigeria, Brasilien und Kenia die jährlichen NO_x - Emissionen in kg / km^2 in logarithmischem Massstab. Die Prognose geht von der Annahme aus, dass der Energieverbrauch pro Kopf in USA und Italien konstant bleibt, während die übrigen analysierten Länder den Stand Italiens erreichen. Die nicht in die Studie einbezogenen Staaten sind grau dargestellt. Ähnliche Diagramme wurden auch für die CO_2- und SO_2-Emissionen berechnet [3].

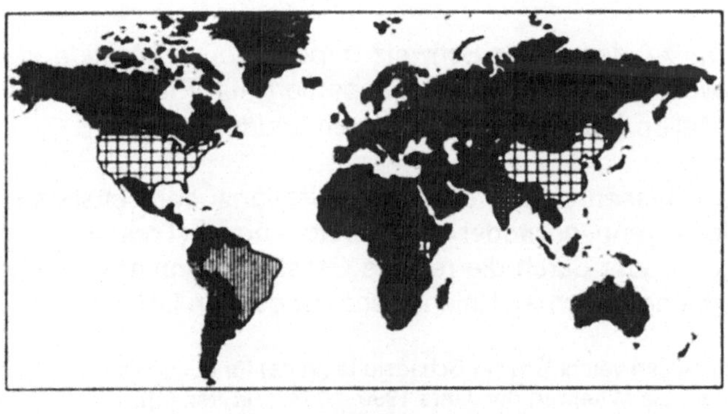

Abb. 8.4 Prognose für die regionale Zunahme der Stickoxid-Emissionen
(in logarithmischem Massstab) für ausgewählte Staaten (aus Ref. [3]).
Die nicht analysierten Regionen sind grau dargestellt.

Werden Bilanzen für eine begrenzte Region wie die Schweiz aufgestellt, so ist der Import und Export von Schadstoffen durch die grenzüberschreitende Bewegung von Luftmassen zu bilanzieren [4]. Dafür existieren im europäischen Raum Daten über Konzentrationen und saisonal variable mittlere Windgeschwindigkeiten auf einem Raster der Maschenweite 50 × 50 km [5,6]. Es gilt die elementare Bilanzgleichung für die jährlichen Mengen:

inländische Produktion + Import = inländische Deposition + Export

Schwefeloxide

- Ca. 40 % der in der Schweiz emittierten Schwefeloxide werden im Inland deponiert, der Rest wird relativ gleichmässig auf die Nachbarländer verteilt.

- Nur 13 - 15 % der in der Schweiz deponierten Schwefeloxide stammt aus der Schweiz selbst, der Rest ist importiert aus Italien (> 30 %), Frankreich (> 10 %) und anderen Ländern.

Stickoxide

- Ca. 11-14 % der in der Schweiz emittierten Stickoxide werden im Inland deponiert (langsamere Depositionsgeschwindigkeit als SO_x, ausser für HNO_3).

- Nur 8 - 12 % der in der Schweiz deponierten Stickoxide stammt aus der Schweiz selbst, der Rest ist importiert aus Frankreich (Westwinde, $\approx$ 25 %) Italien (20 -25 %) und anderen Ländern.

Diese Flüsse lassen sich in eine 'Handelsbilanz' der Luftschadstoffe fassen [4]. Diese kann entweder in Absolutmengen (Tonnen / Jahr) ausgedrückt werden oder durch die relative Grösse (importierte Menge aus X - exportierte Menge nach X) / inländische Produktion CH.

Tab. 8.1 Nettoflüsse verschiedener Schadstoffe (in t/a) für ausgewählte europäische Länder als Mittelwert der Jahre 1990 -1993 (aus Ref. [4]).

Spezies \\ Land	F	I	A	D	andere	total
SO_x	0.7	1.8	- 0.1	0.4	1.9	4.7
NO_x	1.7	1.2	- 0.6	0.3	-0.5	2.1
NH_x	0.25	0.15	- 0.15	- 0.05	$\pm$ 0	0.3

8.2 Immissionen, Wirkung auf Ökosysteme

Um von einer energiebedingten Emission zu deren Wirkung zu gelangen, sind folgende Aspekte zu beachten:

- Umwandlung von Schadstoffen während des atmosphärischen Transportes

- trockene Deposition (Gase, Aerosole)

- nasse Deposition (Auswaschen im Regenwasser)

- Aufnahme durch Boden, Wasser, Vegetation

- Wirkung auf menschliche Individuen, pflanzliche Ökosysteme, Materialien in jedem der genannten Aggregatszustände.

8.2.1 Stratosphärische Ozonzerstörung

Zwei Grundreaktionen für Bildung und Abbau von Ozon sind im sog. Chapman-Zyklus zusammengefasst:

$$O_2 + h\nu \; (\lambda \leq 242 \, nm) \quad \Rightarrow \quad O + O \tag{8.1}$$

$$2 \times \quad O + O_2 + M \quad \Rightarrow \quad O_3 + M \tag{8.2}$$

$$\text{Summe} \quad 3 \, O_2 + h\nu \quad \Rightarrow \quad 2 \, O_3 \tag{8.3}$$

$$O_3 + h\nu \; (\lambda \leq 1140 \, nm) \quad \Rightarrow \quad O + O_2 \tag{8.4}$$

$$O + O_3 \quad \Rightarrow \quad 2 \, O_2 \tag{8.5}$$

$$\text{Summe} \quad 2 \, O_3 + h\nu \quad \Rightarrow \quad 3 \, O_2 \tag{8.6}$$

In dieser und den folgenden Gleichungen bedeutet M einen Stosspartner aus der Gasphase, der nicht an der Reaktion teilnimmt.

Für den Abbau durch Luftfremdstoffe wesentlich ist der zusätzliche katalytische Zyklus

$$O_3 + h\nu \ (\lambda \leq 1140 \ nm) \quad \Rightarrow \quad O + O_2 \qquad (8.4)$$

$$X\bullet + O_3 \quad \Rightarrow \quad XO\bullet + O_2 \qquad (8.7)$$

$$XO\bullet + O \quad \Rightarrow \quad X\bullet + O_2 \qquad (8.8)$$

$$\text{Summe} \quad 2\,O_3 + h\nu \quad \Rightarrow \quad 3\,O_2 \qquad (8.6)$$

Wenn die Summe der Reaktionen (8.7) + (8.8) mit höherer Geschwindigkeit abläuft als (8.5), dann wird Ozon durch die Gegenwart von $X\bullet$ katalytisch abgebaut, ohne dass diese Spezies (per Definition) dabei verbraucht wird.

Natürlich läuft diese Kettenreaktion über die Radikale $HO\bullet$ und $HO_2\bullet$ ab, die aus Wasserdampf und atomarem Sauerstoff entstehen.

Eine zweite Radikalkette läuft über $X\bullet = NO\bullet$. Das Stickstoffmonoxid stammt aus Flugzeugemissionen oder aus der Zersetzung von N_2O gemäss

$$N_2O + O(^1D) \quad \Rightarrow \quad 2\,NO \ . \qquad (8.9)$$

N_2O - Emissionen stammen aus mikrobieller Aktivität, neuerdings auch aus technischen Prozessen (z.B. schlecht geführte Abgasentstickung).

Eine dritte, für die Ozonzerstörung wichtige Radikalkette läuft über Chloratome, $X\bullet = Cl\bullet$, welche durch die photochemische Zersetzung von Fluorchlorkohlenwasserstoffen (FCKW) gebildet werden. Die Produktion und der Einsatz von FCKW als Kühlmittel ist aus diesem Grund durch das Montreal-Protokoll von 1990 in einem Stufenplan untersagt worden.

Im Falle des Chlorradikals tritt anstelle von Reaktion (8.4) zusätzlich die photochemische Zersetzung von Cl_2O_2, so dass sich folgender Zyklus ergibt:

$$2 \times \quad Cl\bullet + O_3 \quad \Rightarrow \quad ClO\bullet + O_2 \qquad (8.7a)$$

$$ClO\bullet + ClO\bullet + M \quad \Rightarrow \quad Cl_2O_2 + M \qquad (8.10)$$

$$Cl_2O_2 + h\nu \ (\lambda \leq 400 \ nm) \quad \Rightarrow \quad 2\,Cl\bullet + O_2 \qquad (8.11)$$

$$\text{Summe} \quad 2\,O_3 + h\nu \quad \Rightarrow \quad 3\,O_2 \qquad (8.6)$$

Das OH-Radikal trägt wesentlich zur Selbstreinigung der Atmosphäre bei, indem es NO_2 zu Salpetersäure aufoxidiert,

$$HO^\bullet + NO_2 + M \quad\Rightarrow\quad HNO_3 + M \qquad (8.12)$$

Sofern allerdings HNO_3 nicht ausgewaschen wird, kann das Molekül durch Licht einer Wellenlänge $\lambda \leq 330\,nm$ wieder in $HO^\bullet + NO_2$ zerlegt werden.
Ähnlich reagiert $ClO^\bullet$ mit NO_2 zu $ClONO_2$,

$$ClO^\bullet + NO_2 + M \quad\Rightarrow\quad ClONO_2 + M \qquad (8.13)$$

Durch Licht einer Wellenlänge $\lambda \leq 450\,nm$ wird $ClONO_2$ wieder in $ClO^\bullet + NO_2$ zerlegt.

Wolken in der Stratosphäre über den Polen ('polar stratospheric clouds', PSC) bestehen aus Eis - Salpetersäure - Aerosolteilchen. Auf deren Oberfläche reagiert $ClONO_2$ gemäss der Gleichung

$$ClONO_2 + HCl \quad\Rightarrow\quad Cl_2 + HNO_3 \text{ (Eis)}. \qquad (8.14)$$

Bei stärker werdender Sonneneinstrahlung im antarktischen Frühling (September) wird das molekulare Chlor durch Wellenlängen $\lambda \leq 450\,nm$ dissoziiert, wonach die Ozonzerstörung wieder mit grossen Raten einsetzt. Dieser Mechanismus für die Bildung des antarktischen Ozonloches wurde von M. Molina (MIT) identifiziert.

8.2.2 Troposphärische Ozonchemie

Die Ausbildung hoher bodennaher Ozonkonzentrationen in Sommersmog-Situationen beginnt mit der photochemischen Dissoziation von NO_2 aus Fahrzeugemissionen,

$$NO_2 + h\nu \ (\lambda \leq 410\,nm) \quad\Rightarrow\quad NO + O \qquad (8.15)$$
$$O + O_2 + M \quad\Rightarrow\quad O_3 + M \qquad (8.16)$$

In Abwesenheit von Kohlenwasserstoffen schliesst sich der Zyklus ohne Netto-Ozonbildung durch die Reaktion

$$NO + O_3 \quad\Rightarrow\quad NO_2 + O_2 \qquad (8.17)$$

In Gegenwart von Kohlenwasserstoffen (NMHC) tritt anstelle von (8.17) die Reaktion

$$NO + NMHC + h\nu \quad\Rightarrow\quad NO_2 + \text{Produkte,} \qquad (8.18)$$

woraus ein Netto-Anstieg der Ozonkonzentration resultiert.

Im Detail läuft die Reaktion (8.18) über folgende Schritte ab:

$$O_3 + h\nu \ (\lambda \leq 310\,\text{nm}) \quad\Rightarrow\quad O(^1D) + O_2 \qquad (8.19)$$
$$O(^1D) + H_2O \quad\Rightarrow\quad 2\,HO^\bullet \qquad (8.20)$$

$$RH + HO^\bullet \quad\Rightarrow\quad R^\bullet + H_2O \qquad (8.21)$$
$$R^\bullet + O_2 + M \quad\Rightarrow\quad RO_2^\bullet + M \qquad (8.22)$$
$$RO_2^\bullet + NO \quad\Rightarrow\quad RO^\bullet + NO_2 \,. \qquad (8.23)$$
$$\Rightarrow\Rightarrow\quad \text{Bildung von weiteren } HO^\bullet\text{-Radikalen.}$$

Folgereaktionen von $RO^\bullet$ sowie unvollständige Verbrennungsprozesse führen zu CO. Kohlenmonoxid konvertiert NO zu NO_2 durch eine analoge Gruppe von drei Reaktionen,

$$CO + HO^\bullet \quad\Rightarrow\quad H^\bullet + CO_2 \qquad (8.21a)$$
$$H^\bullet + O_2 + M \quad\Rightarrow\quad HO_2^\bullet + M \qquad (8.22a)$$
$$HO_2^\bullet + NO \quad\Rightarrow\quad HO^\bullet + NO_2 \,. \qquad (8.23a)$$

Falls hingegen die NO-Konzentrationen niedrig sind, tritt anstelle von (8.23a) eine Abbaureaktion von O_3,

$$HO_2^\bullet + O_3 \quad\Rightarrow\quad HO^\bullet + 2\,O_2 \,. \qquad (8.24)$$

Aus den präsentierten Gleichungen erkennt man, dass ein Zusammenwirken von NO_2 und NMHC bzw. CO für eine Nettoproduktion von O_3 erforderlich ist. Man unterscheidet zwei Situationen:

NO_x - Limitierung

Kohlenwasserstoffe sind im Überschuss vorhanden, die NO_2 - Konzentration ist vergleichsweise klein.

Eine Senkung der Stickoxidemissionen führt zu niedrigerer Ozonproduktion, da die Reaktion (8.23) verlangsamt wird. Die Peroxyradikale reagieren untereinander oder bilden Peroxide. Eine Senkung der hohen VOC- oder CO-Konzentrationen hat im Gegensatz dazu nur wenig Einfluss auf die Ozonproduktion.

Kohlenwasserstoff - Limitierung

Stickoxide sind im Überschuss vorhanden, die Kohlenwasserstoff - Konzentrationen sind vergleichsweise klein. Eine Senkung der Kohlenwasserstoffemissionen führt zu niedrigerer Ozonproduktion, da damit die Reaktionsrate der Kohlenwasserstoffe mit den OH-Radikalen nach Gl. (8.21) herabgesetzt wird. Die Konzentration der OH-Radikale ist aufgrund des Abbaus durch die hohe Konzentration an Stickoxiden nach Reaktion (8.12) niedrig. Eine Verminderung der Stickoxidkonzentration führt zu höheren Konzentrationen an OH-Radikalen gemäss Gl. (8.12), welche die Kohlenwasserstoffe RH gemäss Gl. (8.21) und Folgereaktionen abbauen und damit zu einer gesteigerten Ozonproduktion Anlass geben.

Diese Verhältnisse werden häufig in sog. Isoplethendiagrammen wiedergegeben, welche die Ozonkonzentration unter gegebenen Einstrahlungsbedingungen als Funktion der Konzentrationen von NO_2 und Kohlenwasserstoffen zeigen.

8.2.3 Aerosolchemie

Die Atmosphäre enthält je nach ihrem Zustand kleinere oder grössere (≤ 1 mg m^{-3}) Konzentrationen fester und flüssiger Teilchen mit variablem Wassergehalt, der von der relativen Luftfeuchtigkeit abhängt.

Feine Aerosolteilchen haben einen Durchmesser von < 2.5 µm, grosse darüber. Die Depositionsgeschwindigkeit von Teilchen durchläuft im Bereich zwischen 0.1 und 3 µm ein Minimum. Dementsprechend beträgt die atmosphärische Verweildauer feiner Aersolteilchen mehrere Tage, diejenige von groben Aerosol- und Staubteilchen einige Stunden.

Quellen von Aerosolen:

- Emission von Vorläufersubstanzen (H_2S) od. kondensierbaren Substanzen (SO_2) $\Rightarrow$ Sulfataerosole

- Verbrennung fossiler Brennstoffe unter Emission von Russpartikeln $\Rightarrow$ Kohlenstoffaerosole

- Meerwassertröpfchen aus der Gischt $\Rightarrow$ Chloridaerosole

- windbewegter Staub, Laubfall $\Rightarrow$ mechanische Aersole mit anorganischen bzw. organischen Bestandteilen.

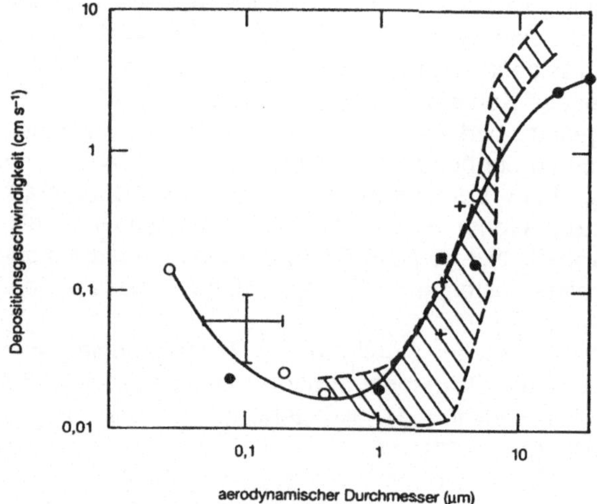

Abb. 8.5 Ablagerungsgeschwindigkeit von Aersolteilchen als Funktion des aerodynamischen Durchmessers (aus Ref. [3]).

Während ihrer Verweilzeit in der Atmosphäre nehmen die Aerosole Wasser auf. In der konzentrierten Lösung eines Aerosolteilchens ist eine Vielzahl chemischer Reaktionen möglich. An grössere Teilchen lagern sich oberflächenaktive Stoffe an (z.B. langkettige Alkohole wie Dekanol). Mit Molekülen aus der Gasphase (O_2, NO_2) können Oxidations- bzw. Nitrierungsreaktionen ablaufen. In jedem Stadium des Kreislaufes kann es je nach der grössenabhängigen Ablagerungsgeschwindigkeit zur Deposition kommen.

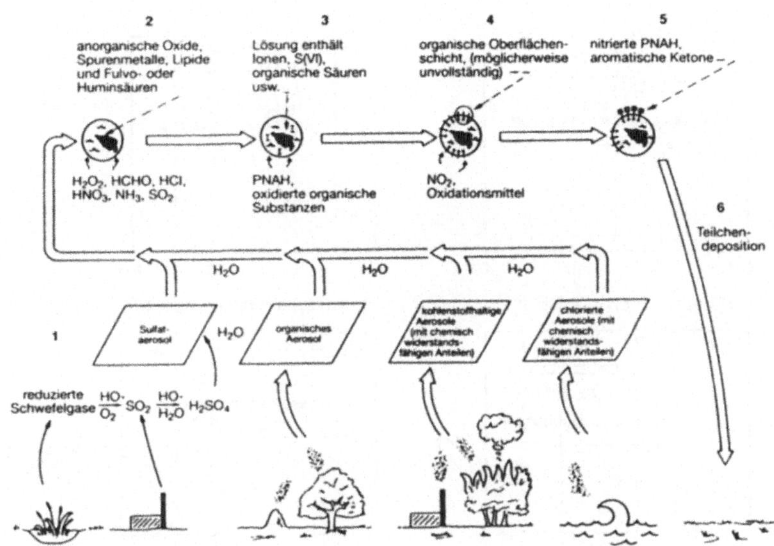

Abb. 8.6 Chemische Umwandlung in Aerosolteilchen während des Aufenthaltes
in der Atmosphäre (aus Ref. [3]).

8.2.4 Chemie des Niederschlages

Luftverunreinigungen lösen sich in atmosphärischen Wassertröpfchen.
Salpetersäure HNO_3 wird in gasförmigem Zustand gebildet und im Tröpfchen aufgelöst. Schwefeldioxid aus Verbrennungsvorgängen wird erst
gelöst und anschliessend durch H_2O_2 oxidiert gemäss

$$HSO_3^- + H_2O_2 \quad \Rightarrow \quad HSO_4^- + H_2O . \qquad (8.25)$$

Analog werden organische Aldehyde zu Carbonsäuren aufoxidiert.

Regen in Reingebieten hat einen typischen pH - Wert von $\approx$ 5, in der Nähe
von Städten von $\approx$ 4. Stark belasteter 'saurer Regen' hat pH $\approx$ 3. In Nebel-
tröpfchen sind die Konzentrationen höher und die pH - Werte potentiell
noch tiefer (pH < 2 wurde beobachtet). Wälder, die stehenden Nebel-
bänken ausgesetzt sind, waren daher vor dem Ergreifen von Gegen-
massnahmen (Entschwefelung, Entstickung) besonders gefährdet.

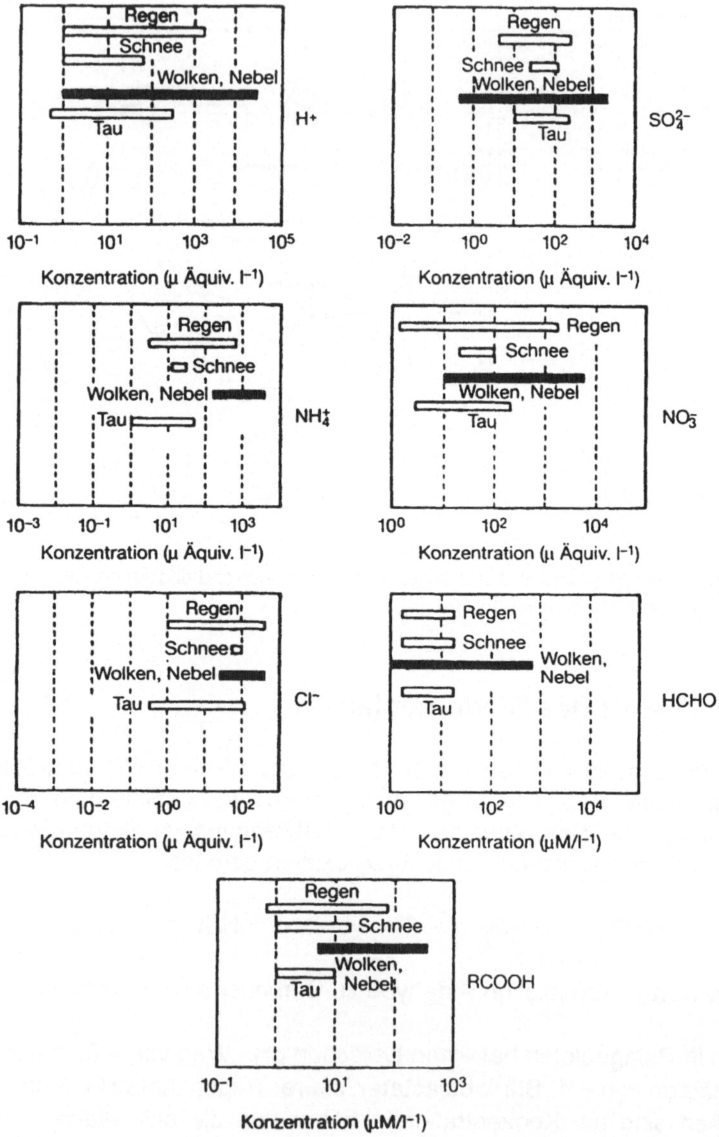

Abb. 8.7 Typische Konzentrationsbandbreiten im Niederschlag (aus Ref. [3]).

8.2.5 Bilanzierung der Schadstoffflüsse in ein Ökosystem

Für die Quantifizierung der Auswirkungen von Luftschadstoffen ist eine möglichst vollständige Bilanzierung notwendig. In günstigen Fällen kann ein Ökosystem als 'Box' räumlich abgegrenzt werden. Durch optische Messungen an den Seitenflächen und optische oder flugzeuggetragene Messungen über der Deckfläche der Box wird die Summe der Flüsse aller relevanten Spezies (u.a. H_2O, CO_2, NO_x, O_3) in das Ökosystem bestimmt.

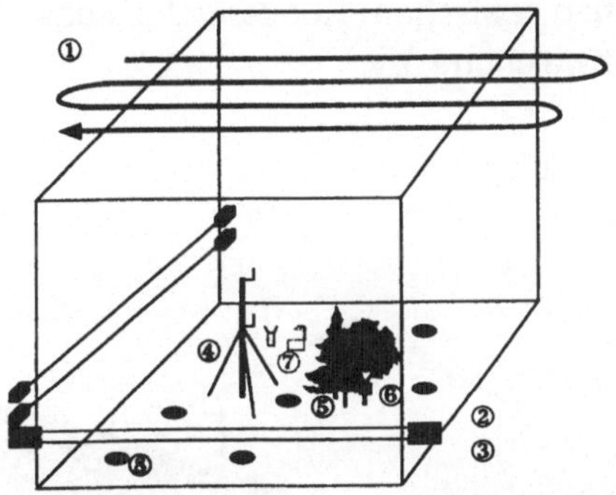

Abb. 8.8 Bilanzierung der Schadstoffflüsse in ein Ökosystem (nach R. Siegwolf). ❶ Flugzeugmessungen; ❷ Szintillationsanemometer; ❸ differentielle optische Absorption; ❹ Meteostation; ❺ Xylemflussmessungen; ❻ Profile von Temperatur, Beleuchtungsstärke und CO_2-Konzentration; ❼ Niederschlagsmessung; ❽ Isotopenanalysen für C, N und O.

Die Messung des konvektiven Transportes eines Luftinhaltsstoffes erfordert die simultane Bestimmung der Konzentration und der vektoriellen Windgeschwindigkeit. Punktuell erhält man diese Grössen z.B. durch eine simultane anemometrische Messung und die Konzentrationsbestimmung an einer Gasprobe (IR-Absorption für CO_2, Chemilumineszenz für NO_2, optische Absorption im UV-Bereich für O_3).

Über eine optische Messstrecke (z.B. quer über ein Tal) bestimmt man die totale Konzentration eines Stoffes in der durchstrahlten Luftsäule durch differentielle optische Absorption (Absorption auf einer charakteristischen Resonanzlinie abzüglich unspezifische Untergrundabsorption auf einer spektral nahen Wellenlänge).

Die mittlere Windgeschwindigkeit in den zwei Raumrichtungen senkrecht zum Messpfad kann durch Szintillationsanemometrie bestimmt werden.

Die Kreuzkorrelation zwischen den Intensitätsfluktuationen zweier um Δx räumlich versetzter Strahlen ist proportional zur Korrelation der Brechungsindexfluktuationen und liefert nach Fouriertransformation die mittlere Windgeschwindigkeit,

$$\langle I_0(t)\, I_{\Delta x}(t+\tau)\rangle \;\propto\; \langle \Delta n_0(t)\, \Delta n_{\Delta x}(t+\tau)\rangle \;\xrightarrow{\;F\;}\; \bar{v}_x \tag{8.26}$$

Turbulente Flüsse werden durch die Berechnung von Eddy-Korrelationen bestimmt (Korrelation zwischen Konzentrationsabweichung Δc und Geschwindigkeitsabweichung Δv,

$$j_{x,\,turbulent} = \langle \Delta c \cdot \Delta v_x \rangle . \tag{8.27}$$

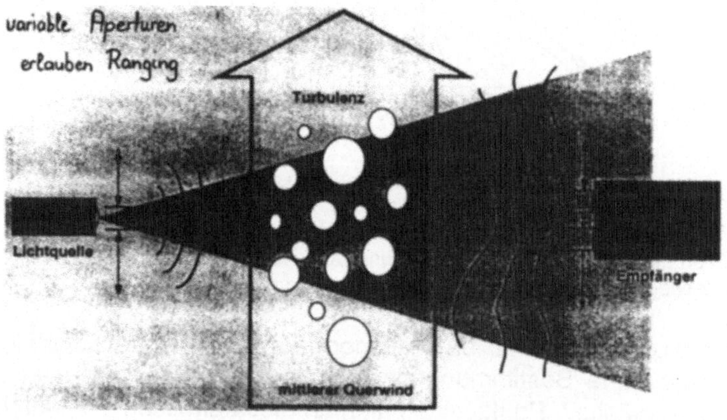

Abb. 8.9 Prinzipschema der Flussmessung durch Kombination von Szintillationsanemometrie (SCIDAR) und differentieller optischer Absorptionsspektroskopie (DOAS; nach W. Graber).

8.2.6 Aufnahme von Spurengasen durch die Vegetation

Der Nettofluss eines Stoffes in ein Ökosystem verteilt sich auf verschiedene Kompartimente, aus welchen er über unterschiedliche Wege durch die Vegetation aufgenommen wird:

Tab. 8.2   Typische Zeitskalen bei der Aufnahme von Luftschadstoffen in verschiedenen Kompartimenten der Ökosysteme.

Kompartiment	Aufnahmeorgan	Inkorporations-Zeit
Böden	Wurzeln	Tage bis Jahre
Wasser bzw. Abfluss	Wurzeln, teilw. Äste	Stunden bis Wochen
Vegetation	Blätter	Sekunden bis Minuten

Die Aufnahme der verschiedenen Substanzen erfolgt oberirdisch über die Blätter durch die Spaltöffnungen (Stomata) und unterirdisch über den Boden durch die Wurzeln. Wie aus obiger Tabelle hervorgeht, läuft die Aufnahme gasförmiger Substanzen über die Blätter am schnellsten ab. Die Spaltöffnungen der Blätter (3 - 8 µm weite Poren) stellen die Schnittstelle zwischen dem Blattinneren und der umgebenden Atmosphäre dar. Durch diese Poren erfolgt der CO_2- und H_2O-Gasaustausch mit der Atmosphäre durch Diffusion und Massenfluss, was auch für die verschiedenen Spurengase gilt.

Für den Gasaustausch durch Diffusion gilt das Fick'sche Gesetz,

$$\frac{dm}{dt} = -D \cdot A \cdot \frac{dC}{dx}. \tag{8.28}$$

Die Mengenverschiebung dm im Zeitintervall dt ist so um grösser, je steiler das Konzentrationsgefälle dC/dx in der Diffusionsrichtung x und je grösser die Austauschfläche A ist. Die Diffusionskonstante D ist substanzspezifisch und ändert sich mit dem Medium, in dem die Diffusion stattfindet. Für den Gasaustausch zwischen Blatt und Atmosphäre gilt als Diffusionsmedium Luft. In stark vereinfachter Form kann das Diffusionsgesetz auch folgendermassen geschrieben werden:

$$J_{H_2O} = \frac{\Delta C}{\Sigma r}, \tag{8.29}$$

wobei J_{H_2O} den Diffusionsfluss des Wassers, ΔC den Konzentrationsunterschied zwischen der Aussenluft und dem Reaktionsort in der Zelle des Blattes und Σr die Summe der Diffusionswiderstände bedeuten (vgl.

Abb. 8.10). Die Diffusionskonstante fliesst in den Diffusionswiderstand ein. Diese Gleichungen haben Gültigkeit für den CO_2- und H_2O-Gasaustausch, können aber auch für den Fluss von Spurengasen und Schadstoffen in das Blatt angewandt werden.

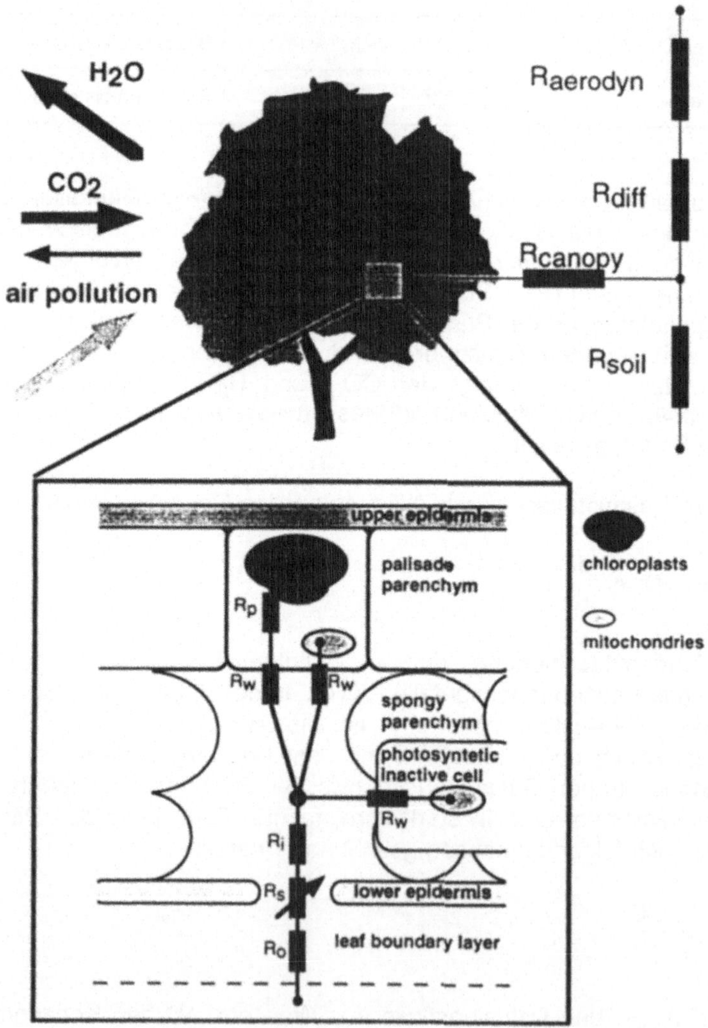

Abb. 8.10   Schemabild eines Blattes mit Spaltöffnungen (nach R. Siegwolf).

In der schematischen Darstellung in Abb. 8.10 sind die Diffusionswiderstände dargestellt, die ein Gasmolekül überwinden muss, bis es ins Zellinnere einer Pflanze gelangt und dort seine Wirksamkeit entfalten kann. Zur Abschätzung des Spurengasflusses müssen diese Widerstände mit berücksichtigt werden. Als Beispiel wird der O_3-Fluss diskutiert. Ozon ist ein labiles Molekül, das mit vielen Substanzen schnell reagiert und dabei sehr leicht zerfällt. So wird bereits ein grosser Anteil dieser Substanz durch Kontakt mit der Pflanzen- und Bodenoberfläche zerstört, ohne nennenswerte Beeinträchtigung der Vegetation. Andere Substanzen werden lediglich deponiert, ohne dabei physiologisch wirksam zu werden. Erst mit Erreichen der Spaltöffnungen und Eindringen in das Blattinnere können diese Moleküle mit den ungeschützten Zellwänden reagieren und entsprechende Schäden hervorrufen. Also ist für die Bewertung von Immissionen vor allem der Fluss in das Blattinnere von Bedeutung, da dieser Anteil pflanzenphysiologisch wirksam ist und abhängig von der Substanz verschiedene Auswirkungen hervorrufen kann.

Der Gasaustausch durch die Spaltöffnungen kann sehr gross sein. So kann ein einzelner Laubbaum (z.B. Birke oder Buche) je nach Exposition an einem Sommertag zwischen 120 - 150 kg Wasser durch die Poren transpirieren [7]. Daher muss sich die Pflanze vor dem Austrocknen schützen, was durch die Regulation der Spaltöffnungen geschieht: Bei grossem Wasserverlust oder bei Trockenheit werden die Spalten geschlossen und so der Wasserverlust eingeschränkt. Dabei wird jedoch die lebenswichtige Kohlenstoffaufnahme beeinträchtigt. Ein sehr subtiles und effizientes Regelsystem optimiert daher eine maximale Kohlenstoffaufnahme bei minimalem Wasserverlust. Diese Regelung wird von meteorologischen Parametern beeinflusst, womit die Vegetation auch an die variierenden Witterungsbedingungen angepasst ist. Die Spaltöffnungsregulation wird massgeblich von den folgenden Parametern bestimmt:

- Strahlungsangebot (lokal verschieden in Abhängigkeit der Höhe über dem Boden, bestimmt die Photosyntheseaktivität und damit die CO_2-Assimilationsstärke)

- Wasserverfügbarkeit aus dem Boden

- Luftfeuchtigkeit

- Temperatur

- Nährstoffangebot

- CO_2-Konzentration der Luft.

Der Gasaustausch und somit der Anteil von verschiedenen gasförmigen Substanzen, der von der Vegetation aufgenommen wird, hängt daher stark von den herrschenden meteorologischen Bedingungen ab.

Experimentell kann der Öffnungsgrad der Poren durch Messung der Transpiration bestimmt werden, entweder durch direkte Bestimmung des Wasserflusses einzelner Blätter (Einschluss in ein Küvettensystem) oder durch Bestimmung des Xylemsaftstromes (Messung des Wasserflusses im Baumstamm anhand der Wärmebilanzmethode).

Bei Kenntnis des Wasserdampfflusses durch die Spaltöffnungen (Transpiration) lässt sich der Diffusionswiderstand aus Gl. (8.29) errechnen. Die Konzentrationsdifferenz des Wasserdampfes ist aus der Blattemperatur (Annahme: im Blattinnern beträgt die relative Feuchtigkeit 100 %) und der aktuellen Feuchte der Umgebungsluft bestimmbar. Mit Hilfe des Diffusionswiderstandes können die Flüsse anderer gasförmiger Substanzen in das Blatt unter Berücksichtigung der substanzspezifischen Diffusionskonstanten berechnet werden. Dabei geht man von der Annahme aus, dass die Konzentration der meisten Gasverbindungen anthropogenen Ursprungs im Blattinnern gleich Null ist. Da die lokalen Konzentrationen innerhalb eines Bestandes von derjenigen der darüberliegenden Luftschicht verschieden sind, müssen diese experimentell bestimmt werden.

Bedeutung der Vegetation

Abgesehen davon, dass die Pflanzen die Primärproduzenten und somit die Nahrungslieferanten erster Ordnung sind, welche die eingestrahlte Sonnenenergie in Form von energetisch hochwertigen Verbindungen speichern, spielt die Vegetation eine wichtige Rolle im Wasser- und Energiehaushalt der Erdoberfläche. Durch ihr ausgedehntes Wurzelwerk stabilisiert die Vegetation die Böden, welche über ein beträchtliches Wasserrückhaltevermögen verfügen und so als Wasserspeicher dienen. Durch die Transpiration von beträchtlichen Mengen von Wasserdampf fliesst ein grosser Teil des fühlbaren Wärmestromes in die Verdunstung von Wasser, was zur Abkühlung und Milderung des lokalen Klimas führt (vgl. auch Abschnitt 8.4). Wie obige Ausführungen zeigen, spielt die Vegetation auch eine wichtige Rolle bei der Entnahme von Spurengasen und Staubpartikel aus der Atmosphäre, was auch als Auskämmeffekt bezeichnet wird. Deshalb wird der Wald im Kontext der heutigen industrialisierten Welt als Klima- und Luftreinigungsanlage der Erde bezeichnet.

8.3 Externe Kosten

Voraussetzung für die Quantifizierung der Schäden und der zugehörigen externen Kosten ist die Bestimmung (bzw. Festlegung) von schädlichen Konzentrationsniveaus, Belastungen (Mengen) bzw. Dosen (Intensität oder Konzentration mal Zeit. In der englischen Literatur werden diese als 'critical levels and loads' bezeichnet.

Beispiele:

- Konzentrationen gemäss Schweizer Luftreinhalte-Verordnung (LRV)

- 'air quality guidelines' der World Health Organization (WHO)

- maximale Arbeitsplatzkonzentrationen (MAK)

- maximale Immissionskonzentrationen (MIK).

Häufig ist für die Wirkung eines Schadstoffes die Dosis massgebend, d.h. das Produkt aus Konzentration (oberhalb eines bestimmten Schwellwertes, threshold) mal Expositionsdauer.

Zur Versachlichung der Ozondiskussion wurden eingehende Studien über Schäden an Erntepflanzen durchgeführt. Als Schwellwert wurde eine Konzentration von 40 ppbv bestimmt. Die zu erwartenden Ernteschäden sind proportional zur Zahl der Stunden, in denen die Ozonkonzentration den Schwellwert überschreitet (AOT40, ozone above threshold of 40 ppb).

Eine Bestimmung der externen Kosten der verkehrsbedingten NO_x -Emissionen in der Schweiz könnte also wie folgt vorgehen.

- Ausgangspunkt sind experimentelle Daten von Ozonkonzentrationen während vergangener Sommersmogepisoden.

- Diese Ozonkonzentrationen werden durch Simulationsrechnungen reproduziert, welche das inländische Stickoxid-Emissionskataster, den Import von Stickoxiden bei der konkreten Wettersituation sowie chemische Modelle der photochemischen Ozonentstehung enthalten (Abschnitt 8.2).

- Analoge Rechnungen werden für einen repräsentativen Jahresgang von Wind- und Wetterlagen durchgeführt.

- Daraus ergeben sich für die Landwirtschaftsflächen der Schweiz die spezifischen AOT40 - Dosen und daraus die berechneten Ernteverluste.

- Nun werden rechnerisch die NO_x - Emissionen (z.B. um 35 %) reduziert und die Simulationsrechnungen wiederholt, wobei alle anderen Parameter gleich bleiben.

- Es ergeben sich reduzierte AOT40 - Dosen und damit geringere hochgerechnete Ernteverluste.

- Die Differenz kann dem 'ausgeschalteten' Anteil des Verkehrsvolumens angelastet und letztlich auf den Benzinpreis umgelegt werden.

Das untenstehende Beispiel zeigt für einen herausgegriffenen Sommertag die berechnete AOT40-Reduktion bei einer Verringerung der gesamten NO_x - Emissionen um 35 %. Der Strassenverkehr ist daran mit ca. 60 % beteiligt.

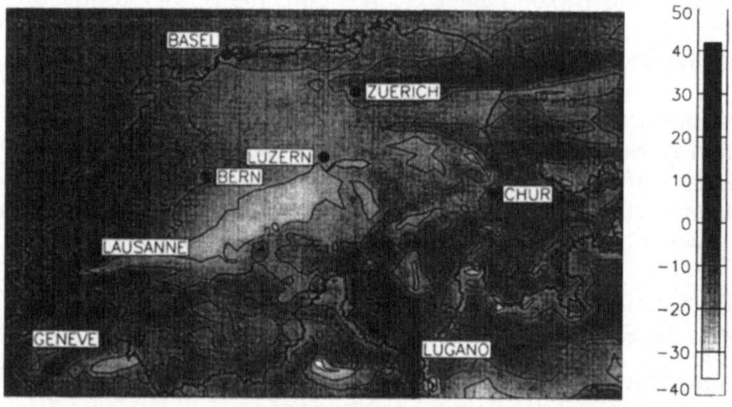

Abb. 8.11 Erwartete Änderungen in AOT40 (ppb · h) durch eine Reduktion der gesamten schweizerischen NO_x - Emissionen um 35 % (nach S. Andreani, J. Keller).

Besonders schwierig gestaltet sich die Bestimmung der externen Kosten von CO_2 - Emissionen aus folgenden Gründen:

- Die Klimasensitivität, meist ausgedrückt durch die Abhängigkeit der mittleren Globaltemperatur von der CO_2 - Konzentration, ist nicht genau bekannt. Im Report des Intergovernmental Panel on Climate Change (IPCC, 1996) wird für eine Verdopplung der CO_2 - Konzentration von

280 auf 560 ppm ein Temperaturanstieg um 2 °C (Vertrauensintervall: 1° - 3.5 °C) als bester Stand des Wissens angegeben [8].

- Es werden grosse regionale Unterschiede in den Temperaturänderungen erwartet (grösste Erwärmung auf der Südhalbkugel).

- Aerosole üben einen wesentlichen Einfluss aus; sie wirken dem Treibhauseffekt der Spurengase entgegen und entsprechen also einem 'negativen Forcing'. Bei einer plötzlichen Reduktion der Schwefel-Aerosolkonzentration wäre ein rascher Temperaturanstieg zu erwarten, da sich die bisher teilweise latenten Folgen der akkumulierten Kohlendioxidkonzentration dann in vollem Ausmass auf die Temperatur auswirken würden.

- Die Folgen einer Temperaturerhöhung als Funktion von deren Grösse auf Ökosysteme, Ernten, Wasserversorgung etc. sind erst ansatzweise bekannt.

- Physiologisch bewirkt eine erhöhte CO_2-Konzentration eine reduzierte Spaltöffnungsweite bei Pflanzen, wodurch die Transpiration reduziert wird. Dadurch verringert sich auch der Kühleffekt durch die Vegetation.

- Der zu erwartende Anstieg des Meeresspiegels ist mit grossen Unsicherheiten behaftet.

Aus den genannten Gründen ist es nur schwer möglich, die Kosten der Emission einer Tonne CO_2 aus den zu erwartenden Schäden zu bestimmen. Erste Versuche einer quantitativen Abschätzung wurden in Studien der Europäischen Union unternommen (EC-JOULE Projekt "Extern E", Analysis of Global Warming Externalities, Schlussbericht von W. Krewitt et al. Stuttgart: IER 1997. P. Freund et al.: Reports from the IEA Greenhouse Gas R&D Programme. Cheltenham: IEA 1998).

Als Alternative bietet es sich an, den 'Schattenpreis' einer Tonne CO_2 als den Aufwand zu definieren, der notwendig ist, um deren Emission durch geeignete Massnahmen (Effizienzsteigerung, erneuerbare Energien, andersartige Dienstleistungen) zu vermeiden. *Dieser Schattenpreis hängt von der Weltbevölkerung, der Grösse und Struktur des Weltwirtschaftssystems und vom aktuellen Niveau der CO_2-Emissionen ab.* Je tiefer dieses Niveau ist, desto schwieriger ist eine weitere Reduktion und desto höher ist der Schattenpreis.

Die Bestimmung der CO_2 - Reduktionskosten erfordert somit

- eine detaillierte Modellierung der Technologien unter Einbeziehung der zu erwartenden Effizienzsteigerungen (einschliesslich deren Kosten) und neuer Technologien, die heute noch nicht im Markt sind;

- eine Prognose über die zeitliche Entwicklung der Weltbevölkerung;

- ein Wirtschaftsmodell, welches den Bedarf an Energiedienstleistungen voraussagt;

- eine Zielvorgabe für die zu erreichende Reduktion der CO_2-Emissionen als Funktion der Zeit, welche das jeweils aktuelle Emissionsniveau festlegt.

Richtgrössen für freiwillige Massnahmen, Lenkungsabgaben bzw. diskutierte Werte einer CO_2 - Abgabe (typisch $ 50 pro Tonne CO_2 bis zum Maximalwert von CHF 210 pro Tonne CO_2 gemäss Vorschlag für das Schweizer CO_2 - Gesetz) orientieren sich an den beschriebenen Berechnungen der CO_2 - Reduktionskosten.

International arbeiten viele Forschergruppen an der Erstellung der notwendigen Modelle { u.a. die International Energy Agency (IEA), das International Institute of Advanced Systems Analysis (IIASA), das Global Change Program des MIT, das Energy Modelling Forum, das PSI, ... }. Am schwierigsten ist es offensichtlich, eine Einigung über Zielvorgaben zu erreichen. In einer solchen Situation arbeitet man mit Szenarien. *Im vorliegenden Kontext kann ein Szenario als Verknüpfung einer Prognose über die zukünftige globale Entwicklung mit einer Strategie für die CO_2 - Emissionsziele definiert werden.*

Typische Beispiele für Strategien sind

- keine Vorgaben (Emissionen bestimmt durch Wirtschaftsentwicklung, 'business as usual')

- Stabilisierung der Emissionen auf dem Niveau von 1990

- Reduktion relativ zum Niveau von 1990 um 7 - 8 % bis 2010 gemäss dem Protokoll der Conference of Parties (Kyoto 1997)

- jährliche Reduktionen (ab 2000 für die industrialisierten Länder, ab 2020 global) bis auf ein festzulegendes Niveau. Gemäss Analyse des IPCC [8] ist es erforderlich, bis zum Jahr 2100 die CO_2-Emissionen auf ca. 40 % des Wertes im Jahre 1990 zu reduzieren, um die atmosphärische CO_2-Konzentration nicht höher als bis zum Doppelten des vorindustriellen Wertes von 280 ppm ansteigen zu lassen.

Die oben erwähnte Unsicherheit über die Konsequenzen erschwert den Entscheid für eine der Strategien. Die Situation, angesichts von Unsicherheiten bzw. mangelnder Information eine Entscheidung treffen zu müssen, ist in Gesellschaft und Wirtschaft häufig, und die Entscheidungstheorie hat dafür Lösungen anzubieten:

- Versicherung

- Portfolios von Massnahmen

- Absicherungsstrategien.

Die untenstehende Graphik illustriert als Resultat einer Modellrechnung die Konsequenzen einer Absicherungsstrategie für die CO_2 - Emissionen der Schweiz. Angenommen wird, dass die drei Strategien (business as usual, Stabilisierung und Reduktion um 20 % bis 2030) Wahrscheinlichkeiten von 25 %, 50 % bzw. 25 % für ihre Richtigkeit haben, und dass darüber im Jahr 2005 Klarheit erreicht wird.

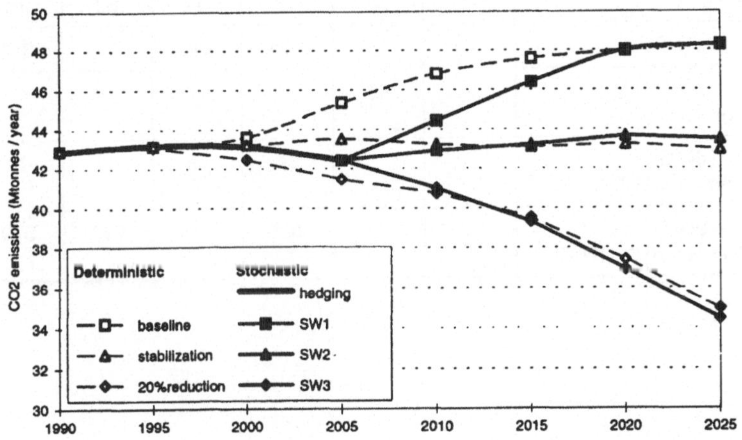

Abb. 8.12 Entwicklung der CO_2-Emissionen am Beispiel der Schweiz für feste Reduktionsvorgaben (strichlierte Linien) und für eine Absicherungsstrategie (hedging) mit Entscheidung im Jahr 2005 (aus Ref. [9]).

Die Absicherungsstrategie mit anschliessender Korrektur ist unter der gegebenen Unsicherheit das volkswirtschaftliche Optimum und kostenmässig günstiger als ein Unterlassen jeglicher Eingriffe bis 2005, danach ggf. gefolgt von drastischen Massnahmen zum Erreichen eines Reduktionsziels.

Tabelle 8.3 illustriert diesen Sachverhalt anhand der Grenzkosten für die Reduktion der CO_2-Emissionen. Für den Basisfall (keinerlei Reduktion) entstehen keine Kosten. Die erste und zweite Zeile der Tabelle zeigen die Kosten für feste Vorgaben einer Stabilisierung auf dem Niveau von 1990 bzw. einer Reduktion um 20 % bis 2030 (entsprechend einer linearen Fortschreibung der Vorgaben des Kyoto-Protokolls). Die dritte Zeile enthält die Kosten der Absicherungsstrategie bis 2005. Sollte sich danach eine Begrenzung der Emissionen als unnötig erweisen, so entfallen weitere Kosten. Für das Stabilisationsziel (SW2) sind die Folgekosten geringer, für das 20 %ige Reduktionsziel etwas höher als bei der Vorwegnahme der Entscheidung.

Tab. 8.3 Grenzkosten für die CO_2-Reduktion (in CHF pro Tonne CO_2) für deterministische Vorgaben und die im Text beschriebene Absicherungsstrategie (aus Ref. [9])

	2000	2005	2010	2015	2020	2025
Stabilisierung	23	30	38	49	62	79
Reduktion um 20 %	101	129	165	210	268	343
Absicherungsstrategie (hedging)	38	49				
Entscheid 2005: Stabilisierung (SW2)			34	43	55	70
Entscheid 2005: Reduktion um 20 % (SW3)			182	233	297	379

8.4 CO_2-Emissionen und Klimaproblematik

Zur Klimaproblematik und zum Einfluss von Treibhausgasen auf das Klima existiert eine umfangreiche Literatur (vgl. z.B. [7-15]). Im vorliegenden Rahmen können nur ausgewählte Aspekte mit einem Fokus auf dem Verständnis des Treibhauseffektes, dem Kohlenstoffkreislauf und der Rolle der Vegetation bei möglichen Klimaänderungen präsentiert werden.[1]

8.4.1 Der natürliche Treibhauseffekt

Historischer Rückblick

1824 veröffentlichte J.-B.J. Fourier einen Artikel über die Temperatur der Erde und des Weltraumes. Er gab (teilweise basierend auf falschen Annahmen) eine korrekte Erklärung des Treibhauseffektes, die er auf die Beobachtung der Erwärmung in einer innen geschwärzten, mit einer Glasplatte zugedeckten und gegen die Sonne gerichteten Vase abstützte. Er übertrug die Glasplatte auf die Atmosphäre und das Vaseninnere auf den absorbierenden Erdboden und erklärte, dass die einfallende 'sichtbare Wärme' (Licht) die Glasplatte durchqueren kann. Auf der schwarzen Oberfläche werde sie jedoch in 'dunkle Wärme' (Infrarotstrahlung) umgewandelt, die nicht mehr durch die Glasplatte nach aussen treten könne. Aufgrund dieses eingefangenen Wärmeflusses erreiche das Vaseninnere eine erhöhte Temperatur.

1896 berechnete S. Arrhenius (bekannt durch das nach ihm benannte Gesetz für die Temperaturabhängigkeit chemischer Reaktionen) erstmals physikalisch korrekt die Strahlungsbilanz der Erde aufgrund gemessener Absorptionsbanden von H_2O und CO_2 und berechnete (mit Bleistift und Papier!) die bei einer CO_2-Verdoppelung zu erwartende Erwärmung (sog. Klimasensitivitätsparameter) auf 5.4 K. Der heute mit den besten verfügbaren Rechnern bestimmte Wertebereich beträgt 1.5 - 4.5 K.

Im 'geophysikalischen Jahr' 1958 begann die kontinuierliche CO_2-Messreihe auf der Station Mauna Loa (Hawaii, 3500 m ü.M.). Die bald danach

---

[1] Autor des Abschnitts 8.4: Dr. F. Gassmann, Paul Scherrer Institut, CH-5232 Villigen

beobachtete Zunahme der mittleren CO_2-Konzentration in der Atmosphäre lenkte die Aufmerksamkeit der Wissenschaft auf mögliche anthropogene Klimaveränderungen globalen Ausmasses. Insbesondere begann sich Prof. H. Oeschger (Universität Bern) mit C-Kreislaufmodellen zu beschäftigen, die in Abschnitt 8.4.3 diskutiert werden.

Die Physik des Treibhauseffekts

Der natürliche Treibhauseffekt (im Gegensatz zur anthropogenen Verstärkung dieses natürlichen Phänomens) spielt eine entscheidende Rolle in der Entstehungsgeschichte der Erde. Ohne Treibhauseffekt lässt sich folgende mittlere Oberflächentemperatur T_0 (in Grad Kelvin, K) mit Hilfe der Strahlungsbilanzgleichung berechnen. Nach dem Energiesatz gilt:

kurzwellige Einstrahlung der Sonne = langwellige Infrarot-Abstrahlung.

$$\tfrac{1}{4}Q(1-\alpha) = \sigma T_o^4 \tag{8.28}$$

$$Q = 1367.5 \pm 0.5 \, \text{W}/\text{m}^2 \quad = \text{Solarkonstante} \tag{8.29}$$

$$\alpha = 0.30 \qquad\qquad\qquad = \text{Albedo (Reflektivität)} \tag{8.30}$$

$$\sigma = 5.67 \cdot 10^{-8} \, \text{Wm}^{-2}\text{K}^{-4} = \text{Stefan} - \text{Boltzmann'sche Konstante} \tag{8.31}$$

$$\frac{1}{4} = \frac{\pi R^2}{4\pi R^2} = \frac{\text{Querschnittsfläche}}{\text{Oberfläche}} \quad , \quad R = \text{Erdradius} \tag{8.32}$$

Daraus ergibt sich eine Temperatur von 255 K oder -18 °C, bei welcher aufgrund gefrorener Ozeane eine Entstehung heutiger Lebensformen unmöglich gewesen wäre. Eine nur dem Prinzip nach, aber nicht quantitativ korrekte Abschätzung des Treibhauseffektes ergibt sich aus der Betrachtung der in Abbildung 8.13 dargestellten Strahlungsflüsse.

Aus der Gleichheit von Ein- und Abstrahlung ergibt sich nach obiger Berechnung eine mittlere Temperatur der als dünne Schicht betrachteten Atmosphäre von -18 °C. Da die Atmosphärenschicht nach oben und nach unten gleichviel Wärme abstrahlt, muss die Erdoberfläche einen Wärmestrom abgeben, der 140 % von Q entspricht, damit auch zwischen Atmosphäre und Erdboden Strahlungsgleichgewicht herrscht. Daraus ergibt sich eine mittlere Temperatur T_B des Erdbodens von

$$T_B = T_0 \sqrt[4]{2} = 303 \, \text{K} = 30 \, ^\circ\text{C} . \tag{8.33}$$

Der gemessene Wert für T_B beträgt heute rund 15 °C.

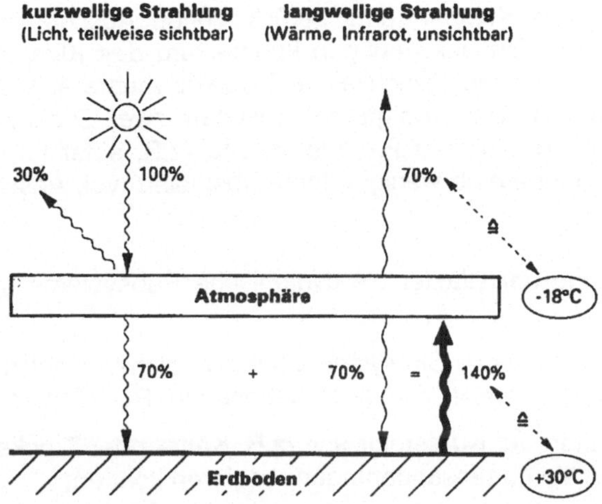

Abb. 8.13   Vereinfachte und idealisierte Berechnung des Treibhauseffektes liefert eine zu hohe mittlere Globaltemperatur von +30 °C. Die prozentualen Angaben beziehen sich auf den vierten Teil der Solarkonstanten, also 100 % = 342 W/m^2 (aus Ref. [16]).

Rolle der Wolken und Wälder

Die *Wolken* sind der hauptsächliche Grund für die grossen Unsicherheiten heutiger Klimasimulationen.

- Wolken beeinflussen die kurz- *und* langwellige Strahlungsbilanz wesentlich; je nach Tageszeit und geographischer Lage üben sie einen kühlenden oder wärmenden Einfluss aus.
- Wolken entstehen auf einer Längenskala von 100 m, während der Gitterabstand von Klimamodellen rund 100 km beträgt.
- Wolken bilden sich bei einem kritischen Schwellenwert (Sättigungsfeuchte) und geben Anlass zu turbulenten Strömungen; beide Effekte sind nichtlineare Phänomene.
- Wolken haben Reflektivitäts-Eigenschaften, die von der Mikrophysik (Grösse, Anzahl) der Wassertröpfchen abhängig sind.

Die *Wälder* auf mittleren und hohen Breiten der nördlichen Hemisphäre sind in heutigen Klimasimulationsmodellen als passive, physikalische Komponenten des Klimasystems berücksichtigt. Abschätzungen zeigen aber, dass deren Einfluss genügen könnte, um das Klimasystem multistabil werden zu lassen (gleichzeitige Existenz mehrerer stabiler Gleichgewichtszustände). Die Übergänge zwischen zwei Zuständen könnten sich bei erreichen kritischer Parameterwerte (z.B. einer kritischen CO_2 - Konzentration) innerhalb weniger Jahre abspielen (vgl. Abschnitte 8.4.5 - 8.4.7).

Die Modellierung der Wälder als dynamische Subsysteme gestaltet sich schwierig:

- Wälder sind komplexe Ökosysteme mit zahlreichen nichtlinearen Rückkopplungen; sie weisen viele noch unbekannte Reaktionsmuster auf.

- Wälder können auf Kurzereignisse (z.B. Kälte- oder Trockenstress) mit langfristigen Verhaltensänderungen reagieren können.

- Wälder sind bis auf eine Längenskala von Metern räumlich äusserst inhomogen und kaum modellierbar.

Wälder tragen ca. 15 % zur globalen Verdunstungsrate bei. Zusammen mit den Wolken sind sie Komponenten einer in Abbildung 8.14 schematisch dargestellten Rückkopplungsschlaufe.

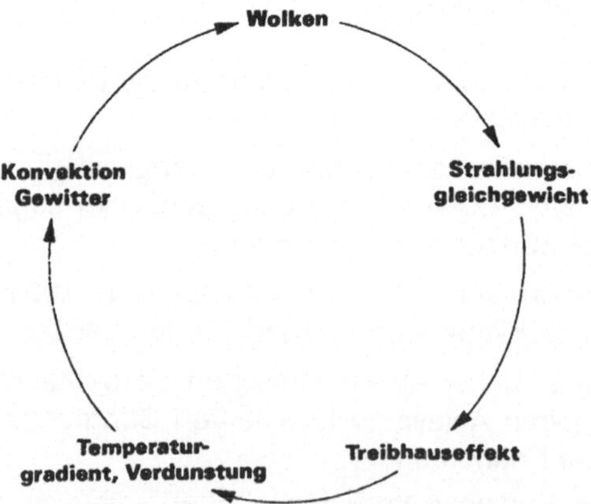

Abb. 8.14   Zirkuläre Kausalkette nichtlinearer Prozesse, welche Verdunstung, Wolken und Treibhauseffekt involvieren (aus Ref. [16]).

8.4.2 Die anthropogene Verstärkung des Treibhauseffektes

Treibhausgase

Obwohl H_2O das wichtigste Treibhausgas ist (Beitrag von H_2O zum natürlichen Treibhauseffekt ca. 2/3, von CO_2 ca. 1/3), erscheint es nicht in der Liste der anthropogenen Treibhausgase, weil seine direkte Beeinflussung durch anthropogene Prozesse (Energieumsatz) vernachlässigbar klein ist. Der anthropogene Beitrag zur natürlichen Wasserverdunstung beträgt weit weniger als 1 Promill.

CO_2 ist das wichtigste anthropogene Treibhausgas und wird über das kommende Jahrhundert rund 60% der anthropogenen Verstärkung des Treibhauseffektes verursachen. Die natürliche, vorindustrielle atmosphärische Konzentration von 280 ppm wurde bis heute um 30% auf 364 ppm erhöht. Die in Abbildung 8.15 ersichtlichen Oszillationen sind das Resultat des Jahresganges von Photosynthese und Fäulnisprozessen in den nördlichen Wäldern. Das Abflachen der Zunahme in den Neunzigerjahren ist auf eine vorübergehende, leichte globale Abkühlung (max. 0.5 K) nach dem Ausbruch des Mt. Pinatubo (Philippinen) im Juni 1991 zurückzuführen. Heute ist die Steigung von 1.8 ppm/y wieder erreicht.

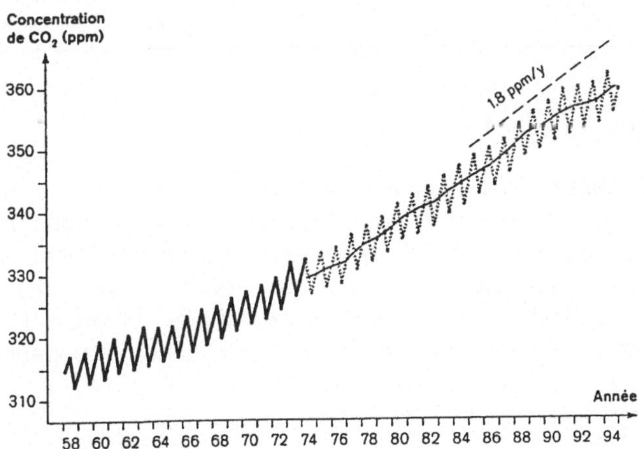

Abb. 8.15 Atmosphärische CO_2-Konzentration, gemessen im Mauna Loa Observatorium (Hawaii). Der wellenförmige Verlauf der Monatsmittel ist durch die Aktivität der Biosphäre bedingt. Die jährliche Zunahme beträgt heute 1.8 ppm, entsprechend 0.5 % der gegenwärtigen Konzentration (aus Ref. [17]).

Neben CO_2 sind Methan CH_4 mit ca. 15%, Fluorchlorkohlenwasserstoffe FCKW mit ca. 12%, O_3 mit ca. 8% und N_2O mit ca. 4% die vier wichtigsten anthropogenen Treibhausgase. Um ihre Treibhauswirkung mit derjenigen von CO_2 vergleichen zu können, wurden sog. Treibhauspotentiale (Global Warming Potentials, GWP) ermittelt. Diese sind definiert als die Masse CO_2 mit äquivalenter Wirkung (vgl. Kapitel 2.2). Aufgrund der verschiedenen Lebensdauer der Treibhausgase in der Atmosphäre spielt der betrachtete Zeithorizont eine wichtige Rolle. CH_4 diffundiert in die Stratosphäre und wird zu CO_2 und H_2O oxidiert. Durch diesen indirekten Effekt wird der Treibhauseffekt weiter verstärkt.

Tab. 8.4   Global Warming Potentials wichtiger Treibhausgase (nach Ref. [19]).

Treibhausgas	Global Warming Potential über		
	20 Jahre	100 Jahre	500 Jahre
CO_2	1	1	1
CH_4 direkte und indirekte Effekte	63	21	9
(nur indirekte Effekte)	(37)	(15)	(7)
N_2O	270	290	190
CFC-11	4'500	3'500	1'500
CFC-12	7'100	7'300	4'500

Reaktion der Atmosphäre

Bei der Diskussion der Wirkung von Treibhausgasen ist es üblich, den Effekt einer Erhöhung ihrer Konzentration von einem vorindustriellen Wert C_0 auf einen aktuellen Wert C durch eine äquivalente Erhöhung ΔF der Energie-Einstrahlungsdichte F auf die Erdoberfläche zu beschreiben. Aufgrund detaillierter Rechnungen entstand die folgende Näherungsformel für das CO_2-induzierte Forcing in der Höhe der Tropopause:

$$\Delta F = 6.3 \ln(\frac{C}{C_0}) \quad , \quad \Delta F \text{ in } Wm^{-2} \tag{8.34}$$

Zur Abschätzung des Effektes von ΔF auf die Bodentemperatur betrachten wir die vereinfachte Energiebilanzgleichung:

$$\kappa \dot{T}_B \; = \; \text{Einstrahlung} \qquad - \text{ Abstrahlung } - \text{ Verdampfung } + \text{ Forcing}$$

$$= \; \frac{Q}{4}(1-\alpha) + \sigma T_0^4 (1 + \beta_W \Delta T) \; - \; \sigma T_B^4 \qquad - \; V \qquad\qquad + \; \Delta F(1-\chi) \tag{8.35}$$

κ = Wärmekapazität der Erdoberfläche, vorwiegend bestimmt durch die 75 m tiefe Mischungsschicht der Ozeane, $\kappa \approx 3 \cdot 10^8$ Jm^{-2}K^{-1}

$\sigma T_0^4 = \dfrac{Q}{4}(1-\alpha)$:   vom Weltraum aus betrachtete Strahlungsbilanz.

β_W = Parameter, der die Zunahme der langwelligen Einstrahlung von tiefliegenden Wolken bei erhöhter Temperatur beschreibt

$V \; = \; \dfrac{Q}{4}(\gamma + \beta_V \Delta T)$

γ = Verdunstungswärmestrom bei $\Delta T = 0$ bezogen auf Q/4, $\gamma = 0.27$

β_V = Parameter, der die Zunahme der Verdunstung bei erhöhter Temperatur beschreibt

ΔT = Temperaturzunahme am Erdboden gegenüber dem Holozän-Mittel T_{B0}

χ = Bruchteil des Forcing, das aufgrund der Erwärmung von Tiefenwasser im Nordatlantik während rund 1000 Jahren nicht klimawirksam wird, $\chi \approx 0.3$.

Das Holozän-Temperaturmittel T_{B0} lässt sich bestimmen durch Nullsetzen von ΔT, ΔF und $\dot{T}_B$:

$$0 = \frac{Q}{4}(2 - 2\alpha - \gamma) - \sigma T_{B0}^4 \quad \rightarrow \quad T_{B0} \approx 14\,^{\circ}C \tag{8.36}$$

Wir linearisieren Gleichung (8.35) um T_{B0} ($T_B = T_{B0} + \Delta T$) und erhalten eine Gleichung für ΔT:

$$\kappa \Delta \dot{T} = -\Delta T \cdot B + \Delta F(1-\chi)$$

$$B \; = \lambda - \frac{Q}{4}\{(1-\alpha)\beta_W - \beta_V\}, \;\; \lambda = 4\sigma T_{B0}^3 \approx 5.4\,\text{Wm}^{-2}\text{K}^{-1} \tag{8.37}$$

Schreibt man die Gleichung mit Hilfe des häufig verwendeten Rückkoppelungsfaktors $\beta = \lambda/B$, ergibt sich im Gleichgewicht

$$\Delta T = \Delta F(1-\chi)\frac{\beta}{\lambda} \; . \tag{8.38}$$

Der Wert von β ist noch unsicher; durch das IPCC [19] werden Werte zwischen 1.2 und 4 angegeben. Ebenso ist unsicher, ob eine Erwärmung der Meeresoberflächen die Tiefenwasserproduktion und damit χ verringern könnte.

Nimmt man eine realistische Erhöhung der CO_2-Äquivalentkonzentration bis zum Ende des 21. Jahrhunderts auf den 5-fachen vorindustriellen Wert C_0 an, ergibt sich $\Delta F = 10$ W/m^2. Mit leicht konservativen Schätzwerten von 3 für β und 0.15 für χ ergibt sich eine mittlere globale Temperaturerhöhung von 4.7 K (vgl. Abschnitt 8.4.7). Dies ist in Anbetracht einer Abkühlung von nur ca. 4 K während des Temperaturminimums der letzten Eiszeit ein äusserst beunruhigendes Resultat.

8.4.3 Modelle für den Kohlenstoffkreislauf

Das in den 60er Jahren von H. Oeschger (Universität Bern) entworfene Kohlenstoffkreislauf-Boxmodell (das sog. 'Berner Modell') bildet auch heute noch die Basis für Projektionen der atmosphärischen CO_2-Konzentration ins 21. Jahrhundert (vgl. Abbildung 8.16). Es handelt sich um ein sog. parametrisiertes Modell, welches auf physikalischen Gesetzmässigkeiten beruht, wobei aber eine grosse Zahl komplexer Phänomene zu konstanten Parametern zusammengefasst werden. [Im Gegensatz dazu dienen empirische Modelle nur zu einer Reproduktion experimenteller Resultate ohne zugrundeliegendes physikalisches Gesetz.]

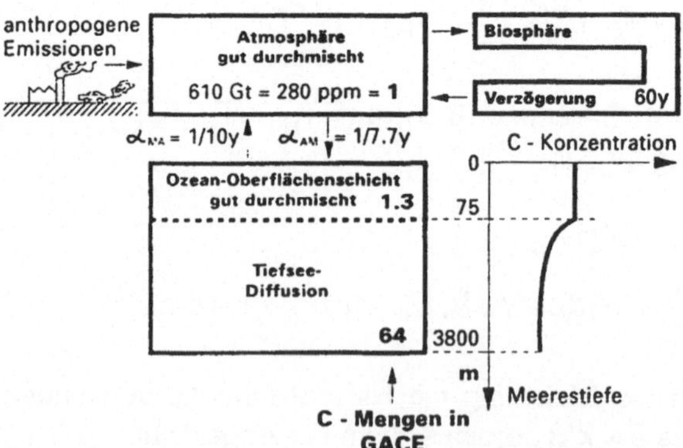

Abb. 8.16   Aus vier Kompartimenten bestehendes Modell des globalen Kohlenstoffkreislaufes. GACE = Gleichgewichts-Atmosphären-Kohlenstoff-Einheit (aus Ref. [16]).

Das Modell kann anhand der C-Emissions-Geschichte seit der industriellen Revolution kalibriert und mit Hilfe der in Eisbohrkernen gemessenen CO_2-Konzentrationen getestet werden (Abbildung 8.17).

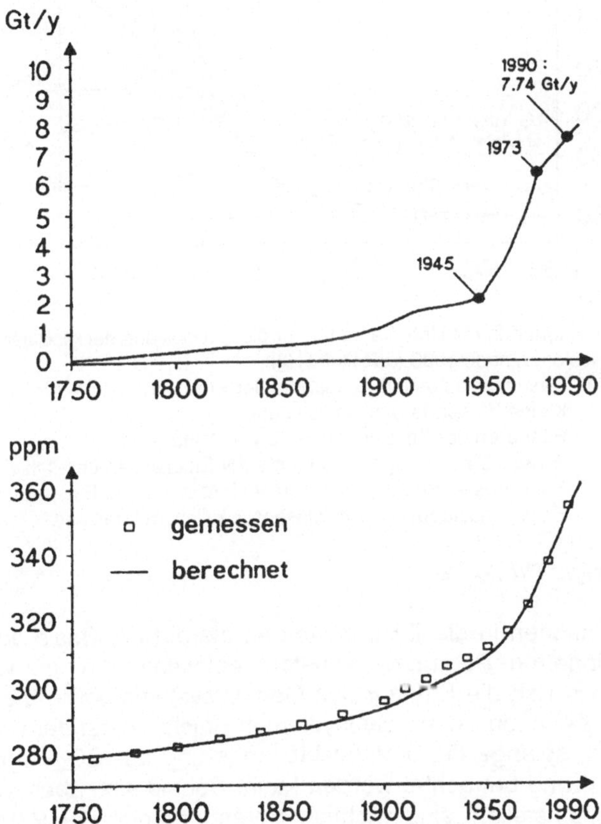

Abb. 8.17 Anthropogene CO_2-Emissionen in Milliarden Tonnen Kohlenstoff pro Jahr (Gt/y) inklusive der Brandrodung tropischer Regenwälder seit 1750 (oben). Berechnete und gemessene atomosphärische CO_2-Konzentrationen in parts per million (ppm) seit 1750 (unten) (aus Ref. [16]).

Eine aufgrund verschiedener Emissionsszenarien berechnete Extrapolation über 150 Jahre ergibt die in Abbildung 8.18 dargestellten Resultate. Würden alle heute bekannten Kohlenstoffvorräte verbrannt, wäre ein Ansteigen der atmosphärischen CO_2-Konzentration auf etwa den achtfachen vorindustriellen Wert (2250 ppm) zu erwarten.

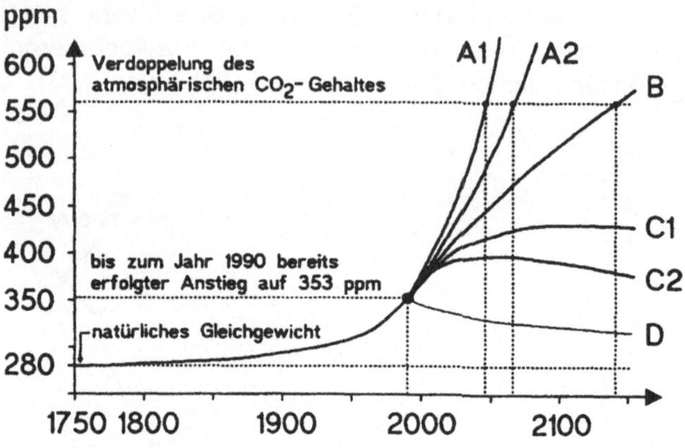

Abb. 8.18 Vier Szenarien mit Untervarianten für die Entwicklung der globalen CO_2-
Emissionen nach 1990 (aus Ref. [16]):
A1   "Business as usual", Zunahme der Emissionen um +2 % / Jahr
A2   Kleine Einsparungen, +1 % / Jahr
B   Einfrieren der Emissionen auf Stand 1990
C1   Grosse Einsparungen: Abnahme der Emissionen um -1 % / Jahr
C2   Sehr grosse, aber ökonomisch noch realisierbare Einsparungen: -2 %/a
D   Emissionsstopp: nur von wissenschaftlichem Interesse.

Vernachlässigte Prozesse

Bei Extrapolationen in die Zukunft werden die auf der Basis der Vergangenheit kalibrierten Parameter konstant gelassen, d.h. es wird angenommen, dass sich die Struktur des Gesamtsystems sowie die Wechselwirkungen zwischen den Subsystemen nicht verändern. Dies ist gerechtfertigt, solange die untersuchte Änderung der CO_2-Konzentration als kleine Störung betrachtet werden kann. Sobald sich aber wesentliche Subsysteme umstellen, sind wichtige Veränderungen der Parameter zu erwarten, und der Charakter der Prognosen könnte sich grundlegend ändern. Kritische Prozesse in diesem Zusammenhang sind die Tiefenwasserproduktion, die Aktivität und Ausdehnung der terrestrischen Ökosysteme sowie das Verhalten der Mikroorganismen der Meere. Durch die Rolle, welche biologische Prozesse bei der Stabilisierung oder Destabilisierung des Klimas spielen, könnten abrupte Klimaveränderungen im regionalen oder sogar globalen Massstab auftreten (Abschnitt 8.4.6). Neben der Prognose über die Erhöhung des globalen Temperaturmittels ist deshalb die Frage von Interesse, ob eine kritische CO_2-Konzentration existiert, oberhalb deren abrupte Änderungen auftreten.

8.4.4 Klimamodelle

Energiebilanzmodelle

Diese vereinfachten Modelle beschreiben die verschiedenen Energieströme (kurzwellig, langwellig, sensible Wärme für Temperaturänderung, latente Wärme der Wasserverdampfung) in mehr oder weniger aggregierter Form. Je nach Fragestellung eignen sich nulldimensionale, eindimensionale Varianten (Höhe oder geographische Breite) oder zweidimensionale Varianten (Höhe und geographische Breite), um ein Verständnis verschiedenster Prozesse zu erarbeiten. Dabei ist die Erforschung des möglichen Verhaltensspielraumes wichtiger als quantitative Genauigkeit. Beispiele sind Modellrechnungen zur Rolle des Grönland-Eisschildes für die Eiszeiten oder der Wälder für abrupte Klimaveränderungen (vgl. 8.4.6).

General Circulation Models (GCM)

Dieser komplexe Modelltyp beruht auf den Navier-Stokes-Gleichungen der Hydrodynamik und fokussiert auf die unbelebten Kompartimente des Klimasystems wie Atmosphäre und Ozeane. Diese werden relativ detailliert simuliert (horizontale Gitterdistanz typisch 100 km, d.h. die Schweiz wird durch ca. 6 Gitterzellen repräsentiert). Bei der Interpretation der eindrücklichen Resultate muss im Auge behalten werden, dass die adäquate Repräsentation des heutigen Klimazustandes meist nur durch signifikante empirische Korrekturfaktoren (sog. 'flux corrections' der Grössenordnung 20 - 100 W/m^2 über grossen Regionen) erreicht werden kann. Ob diese Korrekturterme (zum Vergleich sei das aufgrund einer CO_2-Verdoppelung hervorgerufene Forcing von 4.4 W/m^2 erwähnt) bei einer globalen Klimaveränderung konstant bleiben, ist zu bezweifeln.

Berücksichtigung von Rückkopplungen

Nichtlinearitäten wurden in ihrer Wichtigkeit für das Verhalten eines Systems lange unterschätzt. Die seit 1963 entwickelte Chaos-Theorie (Lorenz u.a.) sowie die Theorie der Selbstorganisation oder Synergetik (Haken u.a.) werden im Wissensgebiet der 'komplexen Systeme' oder der 'nichtlinearen Dynamik' zusammengefasst. Welche Eigenschaften komplexer Systeme für die Klimadynamik wichtig sein könnten [13,18], ist heute Gegenstand der Forschung. Im Bericht des IPCC [19] wurde deutlich auf die Möglichkeit abrupter Klimaveränderungen als Folge nichtlinearer Wechselwirkungen hingewiesen.

8.4.5 Evidenz aus der Paläoklimatologie

Klimaarchive sind Zeugen vergangener Klimazustände, die mit Hilfe der heute zur Verfügung stehenden äusserst empfindlichen Messmethoden erschlossen werden können.

Aus der Analyse von Baumringen (*Dendrochronologie*) lassen sich Temperaturen und Niederschläge der Sommerhalbjahre über die vergangenen ca. 12'000 Jahre (Holozän) rekonstruieren, wobei die Genauigkeit abschnittweise die einer Jahressequenz erreicht.

Eisbohrkerne aus Grönland und aus der Antarktis enthalten wertvolle Informationen über zwei Eiszeiten hinweg (ca. 250'000 Jahre). Analysiert werden unter anderem die CO_2-Konzentration (aus im Eis eingeschlossenen kleinen Luftblasen), Staub, die Isotope ^{18}O und ^2H (die Rückschlüsse auf die mittlere Globaltemperatur gestatten), ^{14}C, ^{10}Be, ^{36}Cl und andere.

Sedimente aus Meeren oder Seen können ähnlich wie Eisbohrkerne auf verschiedene Substanzen und Isotope hin untersucht werden und enthalten zusätzlich noch Pollen als direktes biologisches Klimasignal. Sedimente bilden das älteste Klimaarchiv, das hunderte von Millionen von Jahren überdeckt.

Eiszeiten bilden das wichtigste grosse Klimaereignis. Während des rund 2 Millionen Jahre dauernden Quartärs sind etwa 20 Eiszeiten in Abständen von rund 100'000 Jahren aufgetreten. Ihre Entstehung ist auf kleine Schwankungen der Exzentrizität der Erdbahnellipse (Intervall 0.5 - 5 %, heute 1.5 %, Zwischeneiszeit 4 %) zurückzuführen, verursacht durch Gravitationswechselwirkungen zwischen Erde und Venus sowie Jupiter (Milankovitch-Theorie, ca. 1930). Eine lückenlose Kausalkette, welche die Eiszeiten physikalisch erklären würde, ist bis heute nicht bekannt. Vor allem das jeweils abrupte Ende der Eiszeiten ist noch nicht erklärt.

Die letzte *Zwischeneiszeit Eem* ist für die Klimaforschung von besonderem Interesse, da sie als Warmzeit unserer Epoche am nächsten kommt. Diese Periode war bis zu ca. 2 K wärmer als heute und könnte deshalb als Modell für den Zustand der Welt nach einer globalen Erwärmung dienen. Der neueste europäische Grönland-Eisbohrkern [20] wirft die Frage nach der Signifikanz der gefundenen, scharf begrenzten Temperatursprünge von bis zu ca. 6 K auf (vgl. Abbildung 8.19), die sich jeweils innerhalb weniger Jahrzehnte und ohne ersichtliche äussere

Einwirkung spontan abspielten. Falls weitere Bohrungen diese Befunde bestätigen, bedeutet dies Evidenz für eine Klimainstabilität bei etwas höherer Globaltemperatur als heute. Diese Frage ist im Zusammenhang mit der zu erwartenden globalen Erwärmung äusserst relevant.

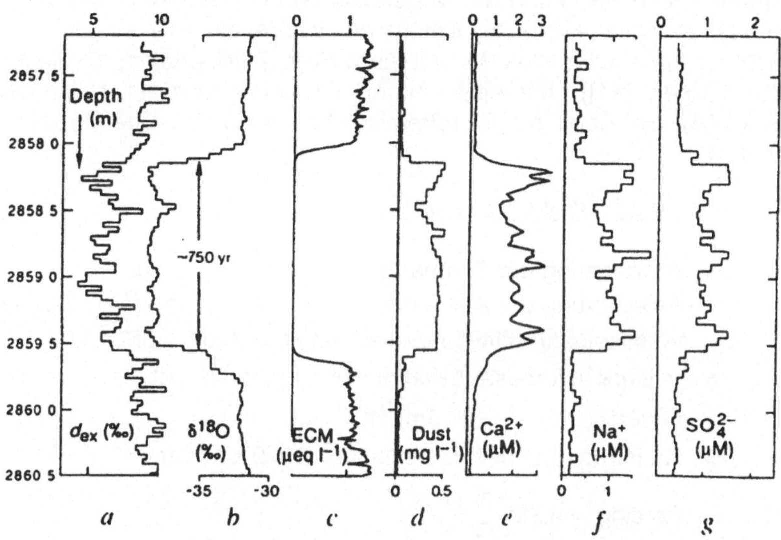

Abb. 8.19 Profile von Deuterium-Exzess (a), Sauerstoffisotopenverhältnis (b), Azidität ECM (c), Staubgehalt (d), Kalzium- (e), Natrium- (f) und Sulfatkonzentration (g). Eine Klimainstabilität zu Beginn der letzten Zwischeneiszeit Eem vor ca. 131'000 Jahren ist deutlich erkennbar (aus Ref. [20]).

Wichtige Resultate

- Das Klima ist weder eine absolute noch eine konstante Grösse. Anthropogene Veränderungen können deshalb nur durch einen Vergleich mit paläoklimatischen Daten gewertet werden.

- Das Klima neigt zu Instabilitäten. Die vergangenen 10'000 relativ stabilen Jahre der Nacheiszeit (Holozän) erscheinen eher als Ausnahme.

- Die Treibhausgasemissionen könnten das globale Klima innerhalb von 100 - 200 Jahren in einen Zustand verschieben, der innerhalb der biologischen Evolution des Menschen (ca. 7 Mio. Jahre) nie auftrat.

- Das laufende anthropogene "Klimaexperiment" kann in seiner Bedeutung als mit einer Eiszeit vergleichbar angesehen werden.

8.4.6 Rolle der Vegetation im Klimasystem

Einfaches Klima-Vegetations Modell

Um die Wechselwirkung der Vegetation und insbesondere der nördlichen Wälder mit dem Klima zu illustrieren, wurde am PSI ein stark vereinfachtes, konzeptionelles Modell entwickelt ('Villigenator', F. Gassmann, PSI Villigen [21]). Mit einer ersten Gleichung wird in Anlehnung an Gl. (8.34) die über die Nordhemisphäre gemittelte Energiebilanz aufgestellt:

$$\kappa\,\Delta\dot{T} = -B\,\Delta T - C\,\Delta M + A\sin(\Omega\,t) + \Delta F \tag{8.39}$$

ΔT = Abweichung der Temperatur vom Holozän-Mittel

ΔM = Abweichung der Ausdehnung und Aktivität der nördlichen Wälder vom Holozän-Mittel, normiert auf -1...+1, d.h. $|\Delta M| \le 1$

κ = mittlere Wärmekapazität der Mischungsschicht (ca.75 m) der Ozeane, $\kappa \approx 3 \cdot 10^8\ Jm^{-2}K^{-1}$

Ω = Kreisfrequenz des Erdumlaufs, $\Omega = 2\,\pi\,/\,$Jahr

ΔF = Forcing $\approx 6.3\ln\left(\dfrac{C}{C_0}\right)$

B = Konstante für instantane Rückkopplungsprozesse = $4\sigma T^3\,/\,\beta \approx 1.9$ W m^{-2} K^{-1} [vgl. Gl. (8.37), (8.38)]

C = Konstante für Kopplung zwischen Biomasse und Temperaturänderung (Verdunstung erzeugt Wolken und verändert damit die Albedo), $C = 1.7$ W m^{-2}

A = Amplitude der Sonneneinstrahlung, $A \approx \dfrac{Q}{4}(1-\alpha)(a_0 \pm 2\varepsilon)$ mit

    a_0 = 0.408 = Jahresamplitude der Einstrahlung auf die Nordhemisphäre bezogen auf Q/4 für $\varepsilon = 0$

    ε = Exzentrizität der Erdumlaufbahn (heute 1.5%, Eem 4%)

    α = Albedo = 30% ,

    Q = Solarkonstante = 1367.5 W m^{-2}

Zur Beschreibung der Variation von ΔM wurde die folgende einfache Beziehung gewählt:

$$\Delta\dot{M} = \mu\,\Delta T\left\{1 - \left(\frac{\Delta T}{\lambda}\right)^2\right\} \tag{8.40}$$

Die beiden Konstanten $\mu = 0.2$ K^{-1} y^{-1} und $\lambda = \sqrt{5}$ K dienen zur Kalibrierung des resultierenden Modells. Für kleine ΔT ist der Term 3. Grades zu vernachlässigen. Die Biomasse der Wälder nimmt beim Auftreten eines Forcings ΔF zu und hält tendenziell die Mitteltemperatur konstant. Dieses Wachstum manifestiert sich heute durch eine Aufnahme von ca. 1.5 Gt Kohlenstoff pro Jahr durch die Biomasse.

Sobald ΔT die Grössenordnung von λ [Gl. (8.37)] erreicht, kann der Term 3. Grades nicht mehr vernachlässigt werden und das Gleichungssystem wird nach Mittelung über ein Jahr (Grössen mit Superskript $\sim$) :

$$\frac{\partial}{\partial t}\Delta\tilde{T} = \frac{1}{\kappa}\left\{-B\Delta\tilde{T} - C\Delta\tilde{M} + \Delta\tilde{F}\right\} \tag{8.41}$$

$$\frac{\partial}{\partial t}\Delta\tilde{M} = \mu\,\Delta\tilde{T}\left\{1 - \left(\frac{\Delta\tilde{T}}{\lambda}\right)^2 - \frac{3}{2}\left(\frac{\Theta}{\lambda}\right)^2\right\} \tag{8.42}$$

$\Theta = Q\,(1-\alpha)\,(a_0 \pm 2\varepsilon)\,/\,(4\Omega\kappa) = 1.64 \pm 0.32$ K ist die vom Jahresgang der Sonneneinstrahlung herrührende, vom Perihel und von der Exzentrizität ε abhängigeTemperaturamplitude. Der Bereich von ± 0.32 K gilt für die Eem-Zwischeneiszeit mit $\varepsilon = 4\%$. Der Holozän-Zustand $\Delta T = 0$ kann aufgrund von 2 verschiedenen Ursachen *instabil* werden:

a) Zunahme der Exzentrizität ε ohne anthropogenes Forcing ($\Delta F = 0$)
Es treten zwei kritische Werte Θ_1 und Θ_2 für die Temperaturamplitude Θ auf. Die beiden kritischen Werte begrenzen ein Hysterese-Intervall, innerhalb dessen 3 Zustände $\Delta T = +C/B$, 0, -C/B, $\Delta M = -1$, 0, +1 stabil sind. Für $\Theta < \Theta_1$ ist nur $\Delta M = 0$ stabil (Stabilität des Holozän), während für $\Theta > \Theta_2$ die beiden Zustände $\Delta M = -1$ und +1 stabil sind (Möglichkeit abrupter Klimaübergänge im Eem).

b) Zunahme des anthropogenen Forcings ΔF bei gleichbleibendem ε
Sobald das Forcing ΔF den Wert $C = 1.7$ Wm^{-2} erreicht, kann das System nicht mehr durch einen weiteren Zuwachs der Biomasse auf $\Delta T = 0$ stabilisiert werden, und die Temperatur beginnt rasch anzusteigen. Damit das System wieder in den Zustand $\Delta M = 0$ übergehen würde, müsste das Forcing auf den wesentlich tieferen Wert von 0.7 Wm^{-2} reduziert werden.

Bistabilität in einem erweiterten Modell

Um die Wechselwirkung von Klima und Vegetation eingehender studieren zu können, wurde ein etwas detaillierteres Modell entwickelt (Abbildung 8.20). Es berücksichtigt insbesondere Phänomene explizit, welche wesentliche Komponenten der Rückkopplung zwischen Atmosphäre und Vegetation darstellen, wie den Einfluss von Trockenstress auf Transpiration, Wachstums- und Sterberate der Vegetation.

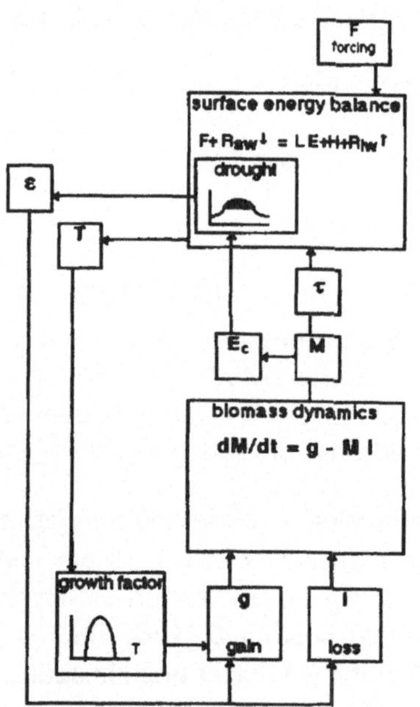

Abb. 8.20 Schema des konzeptionellen Modells einer zweiseitigen Vegetations-Atmosphäre-Wechselwirkung. Die Atmosphäre (oben) wird durch eine Energiebilanzgleichung und die Vegetation (unten) durch nichtlineare Wachstumsfunktionen beschrieben. Wichtige Zustandsvariablen sind die Bodenoberflächentemperatur T und die Biomasse M. Die Atmosphäre wirkt auf die Vegetation durch die Temperatur T und ein Trockenheitssignal E. Die Vegetation wirkt auf die Atmosphäre zurück durch die Verdunstung von Wasser, die über den biomassenabhängigen Transpirationsindex τ beschrieben wird. Die Wurzelbiomasse begrenzt die zugängliche Grundwassermenge und damit die maximal mögliche Verdunstrungsrate E_c (aus Ref. [22]).

In diesem Modell wurden *zwei* Rückkopplungsschleifen formuliert. Der erste Kreis beschreibt die Wechselwirkung Temperatur $\Rightarrow$ Wachstum $\Rightarrow$ Transpiration. Der zweite Kreis beschreibt die Wirkungskette Temperatur $\Rightarrow$ Evaporation $\Rightarrow$ Bodenaustrocknung $\Rightarrow$ Wachstumsreduktion. Das wesentliche nichtlineare Element ist die Zunahme des Wachstums bei kleinem Forcing, gefolgt von der trockenheitsbedingten Abnahme bei grösserem Forcing. Interessant ist bei diesem Modell [22], welches viele beobachtbare physiologische Parameter enthält, dass sich ein bistabiles Verhalten innerhalb eines Hysteresebereiches ergibt, sobald das kritische Evapotranspirationsniveau E_C (maximal mögliche Verdunstungsrate der Vegetation) mit der Grösse der Wurzelbiomasse ($\Leftrightarrow$ M) gekoppelt wird:

$$E_C = E_{C0}\left\{1 + r_M(M - 1)\right\} \tag{8.44}$$

Entscheidend für das Auftreten eines bistabilen Verhaltens ist der Kopplungsparameter r_M. Für Werte $r_M \leq 0.5$ verhält sich das Modell bei einer Temperaturzunahme stabil. Bei einer stärkeren Rückkopplung ($r_M = 0.65$) ergibt sich ein bistabiles Verhalten (vgl. Abbildung 8.21) mit einer abrupten Temperaturerhöhung und einem Hysteresebereich, sobald das Forcing ca. 3.3 W/m^2 erreicht. [Heute beträgt das durch die bisherigen Treibhausgasemissionen induzierte Forcing ca.1.5 - 2 W/m^2.]

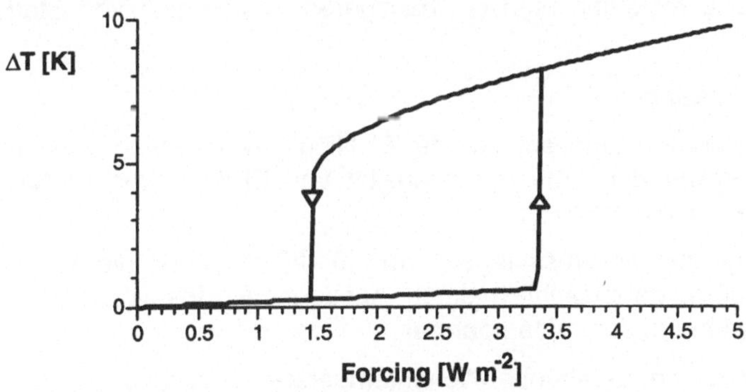

Abb. 8.21   Temperaturerhöhung ΔT bei zunehmendem und hernach abnehmendem Forcing. Deutlich ist das Hysterese-Verhalten zwischen 1.4 und 3.3 W/m^2 zu erkennen (aus Ref. [22]).

8.4.7 Beobachtete und zu erwartende Klimaveränderungen

Im Hinblick auf die Handlungsbereitschaft der Menschheit spielen die bereits sichtbaren anthropogenen Veränderungen eine wesentliche Rolle, da sie den alarmierenden Zustand eindrücklicher wiedergeben können als Berechnungen. Das möglichst frühzeitige Aufzeigen von belegbaren Veränderungen ist deshalb neben der Paläoklimatologie und der Klimamodellierung eine der wichtigsten Aufgaben der Klimaforschung. Der IPCC-Bericht [19] stellt fest: *"The balance of evidence suggests a discernible human influence on global climate."*

Globale Mitteltemperatur
Seit Ende des 19. Jahrhunderts ist ein Anstieg um 0.3 - 0.6 K dokumentiert. Die letzten Jahre gehören zu den wärmsten seit 1860. Über den Landmassen ist der Temperaturanstieg nachts höher als tagsüber. Im Winter und Frühjahr ist die Erwärmung der Kontinente am grössten. Die gleichzeitig festgestellte Abkühlung der Stratosphäre schliesst Variationen der Sonneneinstrahlung und Vulkane als Ursachen der Erwärmung aus.

Niederschläge
In höheren Breiten der Nordhemisphäre wird im Winterhalbjahr eine Zunahme der Niederschläge registriert, der eine Niederschlagsabnahme in Griechenland, Zypern, Marokko und den Subtropen gegenübersteht. Gleichzeitig registriert man ein häufigeres Vorkommen von Starkniederschägen.

Weitere Indizien

– Ungewöhnlich lang anhaltende 'El Niño' - Warmphase 1990 bis Mitte 1995 sowie Zunahme der Intensität von El Niño- und La Niña (Kaltphase) - Ereignissen

– Anstieg des Meeresspiegels um 10 - 25 cm über die vergangenen 100 Jahre, hauptsächlich durch Ausdehnung des Wassers aufgrund der Erhöhung der Lufttemperatur

– Zunahme der Bodenoberflächentemperatur in Alaska um ca. 2 - 4 K, belegt durch Messungen in Bohrlöchern

– Zunahme der stratosphärischen Wasserdampfkonzentration sowie der leuchtenden Nachtwolken in der Mesosphäre

– Zunahme der Luftfeuchtigkeit in den Tropen

– Zunahme der Wolken über Land

– Rückgang der Schneedecke im Schweizer Mittelland

– Vermehrtes Auftreten von Hochdrucklagen in der Schweiz

– Änderung der Spezies-Zusammensetzung von Ökosystemen (z.B. Biomwandel im Südtessin: Starke Expansion lorbeerblättriger Exoten).

Im 21. Jahrhundert zu erwartende Veränderungen [19]

• Zunahme der globalen Mitteltemperatur ca. 2 K (prognoistiziertes Intervall 1 - 3.5 K [19]) und Rückgang der Tag-Nacht Unterschiede

• Anstieg des Meeresspiegels um ca. 50 cm (15 - 95 cm)

• Intensivierung des hydrologischen Kreislaufes, Zunahme der Niederschläge vor allem in hohen Breiten im Winter

• Zunahme der Häufigkeit von Extremereignissen (Trockenheit, Überschwemmungen)

• Signifikante Beeinflussung von 2/3 aller nördlichen Wälder durch Änderungen der Temperatur und des Wasserkreislaufes.

Unsicherheiten bei der Voraussage dieser Änderungen betreffen die Emissionen von Treibhausgasen und Aerosolen, die Modellierung von Klimaprozessen (insbesondere Wolken, Ozeane, Meereis, Vegetation), die Aktivität der Sonne und andere Parameter.

Literatur

[1] VDI-Kommission Reinhaltung der Luft, 'Stadtklima und Luftreinhaltung'. Berlin: Springer 1988

[2] BUWAL, Nabel, Luftbelastung 1994, Schriftenreihe Umwelt Nr. 244. Bern: BUWAL 1995

[3] Graedel, T.E., Crutzen, P.J.: Chemie der Atmosphäre. Berlin: Spektrum Verlag 1993

[4] Keller, J., Andreani-Aksoyoglu, S., Bürki, D.: GaBE / Air Pollution, Parts 1 and 2, PSI Technische Mitteilungen. Villigen: PSI 1994

[5] Meteorological Synthesizing Centre - West, emep - Co-operative programme for monitoring and evaluation of the long range transmission of air pollutants in Europe. Report series. Oslo: The Norwegian Meteorological Institute 1996 et seq.

[6]   Ghassem Asrar (Ed.), Theory and Applications of Optical Remote
      Sensing. New York: Wiley 1989

[7]   Larcher, W.: Ökophysiologie der Pflanzen: Leben, Leistung und
      Stressbewältigung der Pflanzen in ihrer Umwelt.
      Stuttgart: Ulmer Verlag 1994

[8]   Intergovernmental Panel on Climate Change (IPCC): Second
      Assessment Report. Cambridge: Cambridge University Press 1996.
      Deutsche Übersetzung: Zweiter umfassender IPCC-Bericht -
      Zusammenfassungen für politische Entscheidungsträger und
      Synthesebericht. Bern: ProClim- 1996

[9]   Bahn, O., Fragniere, E., Kypreos, S.: Swiss Energy Taxation Options
      to Curb CO_2-Emissions. European Environment **8** (1998) 94-101

[10] Warneck, P.: Chemistry of the Natural Atmosphere.
      San Diego: Academic Press 1988

[11] Isidorov, V.A.: Organic Chemistry of the Earth's Atmosphere.
      Berlin: Springer 1990

[12] Duraiappah, A.K.: Global Warming and Economic Development.
      Dordrecht: Kluwer 1993

[13] Hutter, K. (Hrsg.): Dynamik umweltrelevanter Systeme.
      Berlin: Springer 1991

[14] Sundquist, E.T., Broecker, W.S. (Eds.): The Carbon Cycle and
      Atmospheric CO_2. Natural Variations Archean to Present.
      Washington: American Geophysical Union 1985

[15] Rosenberg, N.J., Easterling, W.E., Crosson, P.R., Darmstadter, J.:
      Greenhouse Warming: Abatement and Adaptation, Resources for
      the Future. Prof. of a Workshop, Washington: Resources for the
      Future 1989

[16] Gassmann, F.: Was ist los mit dem Treibhaus Erde.
      Zürich: vdf 1994; Stuttgart: Teubner 1994

[17] Gassmann, F.: Effet de serre — Modèles et réalités.
      Genève: georg 1996

[18] Gassmann, F.: Komplexe Systeme — Die Vereinigung von Chaos
      und Ordnung. Vierteljahresschrift der Naturforschenden Gesellschaft
      Zürich **142**(2) (1997) 1

[19] WMO/UNEP, Intergovernmental Panel on Climate Change:
      Climate Change 1995, The IPCC 2nd Assessment Report.
      Cambridge: Cambridge University Press 1996

[20] Greenland Ice-core Project (GRIP) Members: Climate instability
      during the last interglacial period recorded in the GRIP ice core.
      Nature **364** (1993) 203

[21] Gassmann, F.: Greenhouse effect: modeling and reality. In: The Co-
      Action between Living Systems and the Planet, H. Greppin et al.
      (eds.), p. 1-24. Geneva: University of Geneva 1998

[22] Füssler, J.: On the interaction between atmosphere and vegetation
      under an increasing radiative forcing: A model analysis. Dissertation.
      Zürich: ETH Zürich 1998

9 Ausblick

In dem Masse, als sich die Evidenz für eine globale, anthropogen verursachte Klimaveränderung verdichtet, wird das Ziel der Entwicklung eines nachhaltigen Energieversorgungssystems an Bedeutung gewinnen. Allgemein ist heute akzeptiert, dass Nachhaltigkeit die drei Dimensionen der Ökologie, Ökonomie und Soziologie umfasst. Diese Aspekte sind auch bei den Lösungsansätzen für den Themenkreis 'Energie und Nachhaltigkeit' zu berücksichtigen.

Ein Energieversorgungssystem umfasst

- die Bereitstellung von Energie aus Primärenergieträgern

- die Speicherung und Umwandlung von Energie bis zur Nutzenergie beim Verbraucher

- den Bedarf an Energiedienstleistungen.

Die Vision einer globalen 2000 W - Gesellschaft setzt sich zum Ziel, ein nachhaltiges Energieversorgungssystem zu realisieren, in welchem im Jahr 2100 eine Weltbevölkerung von 10 Milliarden Menschen adäquat mit Energiedienstleistungen versorgt werden kann, wobei der Verbrauch an Primärenergie pro Zeit und Person den genannten Wert von 2000 W nicht überschreitet.

Es soll an dieser Stelle nochmals betont werden, dass Massnahmen auf der Nachfrageseite einen unabdingbar notwendigen Schritt zur Erreichung dieses Zieles darstellen. Diese umfassen die Frage, welche Energiedienstleistungen zum Aufrechterhalten eines Lebensstandards notwendig sind, welcher demjenigen der heutigen Industrieländer entspricht, und wie diese Dienstleistungen mit einem Minimum an Nutzenergie erbracht werden können.

Eine Fülle innovativer Ideen wird in diesem Zusammenhang intensiv diskutiert; als Beispiele seien Konzepte für integrierte, vernetzte Transportsysteme und das sog. 'Energy Contracting' für Gebäude genannt (der Contractor bietet die Dienstleistungen der Heizung, Belüftung und Beleuchtung eines Gebäudekomplexes an und hat deshalb ein intrinsisches Interesse, diese Dienstleistungen mit minimalem Energieaufwand zu erbringen).

Verfolgt man die Energiekette zurück, so kommt der Effizienz aller Energieumwandlungsschritte eine hohe Bedeutung zu. Dies bedingt den Einsatz von effizienten Wandlern wie Brennstoffzellen. Die 'Intensivierung' von Prozessen durch Verringerung der Stoff- und Materialströme und die zunehmende Integration von Teilschritten sowie der Einsatz katalytischer Verfahren können den Energiebedarf industrieller Prozesse signifikant senken. Neben der Effizienz ist auch der Minimierung der Schadstoffemissionen und der Abfallproduktion Aufmerksamkeit zu schenken.

Die bisher genannten Massnahmen auf der Nachfrageseite und entlang der Energieumwandlungskette sind die Voraussetzung dafür, um das Ziel anvisieren zu können, den Primärenergieeinsatz pro Zeit auf 2000 W zu beschränken. Dieser Wert entsprach, mit den bekannten starken regionalen Ungleichgewichten, dem globalen Mittel des Pro-Kopf-Verbrauches im Jahre 1990. Selbst wenn also dieser Wert im weltweiten Durchschnitt nicht überschritten wird, so ist aufgrund der Verdoppelung der Weltbevölkerung bis zum Jahr 2100 mit einer Verdoppelung des Primärenergiebedarfes zu rechnen.

Wie kann diese voraussehbare Entwicklung mit der Anforderung nach einer Limitierung der Treibhausgasemissionen in Einklang gebracht werden? Die Empfehlungen des Intergovernmental Panel on Climate Change [1] und die im Abschnitt 8.4 präsentierten Überlegungen zur Klimaproblematik können dahingehend zusammengefasst werden, dass ein Ansteigen der atmosphärischen CO_2-Konzentration auf mehr als 560 ppm (d.h. das Doppelte des vorindustriellen Wertes) unter allen Umständen verhindert werden muss, um gravierende Auswirkungen auf das Klima zu vermeiden.

Aufgrund der langen atmosphärischen Lebenszeit des Kohlendioxids von rund 100 Jahren sind für die Konzentration im Jahre 2100 vor allem die kumulierten Emissionen des 21. Jahrhunderts massgebend; hinsichtlich deren Verteilung über die Jahrzehnte besteht Flexibilität (fossil dominierter Aufbau in den weniger entwickelten Ländern bis 2020, danach stark steigender Anteil der erneuerbaren Energien).

Als Ziel wird vorgegeben, die jährlichen Kohlenstoffemissionen in die Atmosphäre von gegenwärtig rund 8 Gt C / Jahr (davon 6 Gt C aus industrieller Nutzung fossiler Brennstoffe, 2 Gt C aus Brandrodung) bis zum Jahr 2100 auf einen Wert von rund 40 % (3 Gt C / Jahr) zu senken [1]. Geht man davon aus, dass zu diesem Zeitpunkt keine Brandrodungen mehr stattfinden, so betragen die zulässigen CO_2-Emissionen aus fossilen Energieträgern die Hälfte des heutigen Wertes - bei einem doppelten globalen Primärenergiebedarf. Dies impliziert, dass zu diesem Zeitpunkt nur noch 25 - 30 % dieses Bedarfs aus fossilen Energieträgen gedeckt werden können, um das Emissionsziel zu erreichen.

Aufbauend auf diesen Überlegungen wurde in den Szenarien von World Energy Council und IIASA [2] versucht, die Anteile der verschiedenen Energieträger in ihrem Verlauf über das 21. Jahrhundert abzuschätzen. Dabei ist folgende Beobachtung interessant: Zwischen dem sog. 'ökologisch gelenkten Szenario (C)' [2] (mit einer Verdoppelung des Primärenergiebedarfs bis 2100, damit entsprechend der 2000 W -Gesellschaft) und dem 'technologieintensiven Wachstumsszenario (A3)' [2] (mit einer Steigerung des Energiebedarfs um den Faktor 4.5 bei gleichzeitiger Forcierung fortschrittlicher Nutzungstechniken sowie der erneuerbaren Energien) bestehen nur verhältnismässig kleine Unterschiede hinsichtlich der *Anteile* der Energieträgergruppen. Die Voraussagen über die relative Bedeutung der erneuerbaren Energien sind deshalb für diese beiden Szenarien, welche ökologische Aspekte mit berücksichtigen, von der gewählten Wachstumsprognose nicht stark abhängig.

Grössere Unterschiede bestehen bezüglich des Beitrages der Kernenergie, wobei in den Szenarien [2] für das Jahr 2100 Beiträge zwischen 0 % und 20 % angesetzt werden. Nimmt man als Mittelwert einen Beitrag der Kernenergie von 10 % an, so ergibt sich die in Tab. 9.1 gezeigte Abschätzung.

Wie erwähnt, beträgt der Anteil der fossilen Energieträger 25 - 30 %. Die restlichen ≥ 70 % des Primärenergiebedarfs müssen durch Technologien ohne CO_2 - Emissionen gedeckt werden. Die in diesem Buch diskutierten vier Gruppen von erneuerbaren Energien haben einen Anteil von rund 50 % an der Welt-Primärenergieversorgung bereitzustellen. Dabei entfallen 25 % auf die technische (und die traditionelle) Biomassenutzung, 10 - 15 % auf die Sonnenenergie und je 5 - 10 % auf Windenergie und Erdwärme. Aufgrund der vielen technologischen und ökonomischen Unsicherheiten, die in den vorangehenden Kapiteln diskutiert wurden, sind die Bandbreiten bewusst breit zu halten.

Tab. 9.1 Szenario für das Jahr 2100: Mögliche Anteile verschiedener Energieträgergruppen (nach [2]) in einem Energieversorgungssystem, welches der Vision
einer klimaverträglichen, globalen 2000 W - Gesellschaft entspricht.

Neue erneuerbare Energien	Windenergie	5 - 10 %
	Geothermie	5 - 10 %
	Solarenergie	10 - 15 %
Neue und konventionelle erneuerbare Energien	Biomasse	25 %
	Hydroelektrizität	10 %
Nicht-erneuerbare Energien	Kernenergie	10 %
	Fossile Energieträger	25 - 30 %

Für alle in der Wissenschaft, der technologischen Entwicklung, der Markteinführung und in der Politik der Umsetzung tätigen Personen ergibt sich
eine klare Schlussfolgerung: Es bedarf einer gewaltigen, konzertierten
Anstrengung, um den notwendigen Anteil der erneuerbaren Energien von
50 % zu erreichen.

Literatur

[1]   WMO/UNEP, Intergovernmental Panel on Climate Change:
Climate Change 1995, The IPCC 2nd Assessment Report.
Cambridge: Cambridge University Press 1996

[2]   Nakicenovic, N., Grübler, A.: Global Energy Perspectives.
Cambridge: Cambridge University Press 1998

Sachverzeichnis

Diekmann/Heinloth
Energie

Physikalische Grundlagen ihrer Erzeugung, Umwandlung und Nutzung

Von Priv.-Doz. Dr.
Bernd Diekmann
Universität Bonn
Unter Mitwirkung von
Prof. Dr. **Klaus Heinloth**
Universität Bonn

2., völlig neubearbeitete und erweiterte Auflage. 1997.
456 Seiten mit zahlreichen Bildern und Tabellen.
13,7 x 20,5 cm.
(Teubner Studienbücher)
Kart. DM 58,–
ÖS 423,– / SFr 52,–
ISBN 3-519-13057-2

Zum Autor

Priv.-Doz. Dr. rer. nat. Bernd Diekmann, Hochschullehrer an der Universität Bonn und öffentlich bestellter und vereidigter Gutachter für »Energietechnische Anlagen«

In dem vorliegenden Band wird naturwissenschaftlich-physikalische Hintergrundinformation zum Thema *Energie* bereitgestellt, um dem Leser objektive Bewertungskriterien für die global hochaktuelle Diskussion der Zukunft unserer Energieversorgung an die Hand zu geben.

Insbesondere ist es ein zentrales Anliegen, dem Leser eine Bilanzierung *aller Quellen* hinsichtlich der Einflußnahme ihrer Gewinnung und Verwendung auf die Umwelt zu erstellen und das jeweilige *Risiko* zueinander in Relation zu setzen.

Nach Festlegung des Begriffes Energie und ihrer Erscheinungsformen werden globale Randbedingungen des Umgangs mit Energie aufgezeigt. Diese Randbedingungen werden sodann für Deutschland als typischem Industrieland enger eingegrenzt.

Die Palette infrage kommender Quellen, fossile, erneuerbare und nukleare, wird sodann im Detail vorgestellt. Ergiebigkeit der Ressourcen sowie sonstige Möglichkeiten und Grenzen des Einsatzes werden diskutiert; alle Energiequellen werden sodann nach Definition eines *energetischen Erntefaktors* miteinander verglichen.

Die Speicher- und Transportmöglichkeiten und – hiermit eng verbunden – die Handlungsspielräume rationellen Umgangs mit den diversen Formen der Energie bilden einen weiteren Schwerpunkt.

Der an naturwissenschaftlicher Hintergrundinformation interessierte Leser findet in einem gesonderten Kapitel eine detaillierte Präsentierung ausgewählter Techniken.

Preisänderungen vorbehalten.

B. G. Teubner Stuttgart · Leipzig